DFG

Kinetik gesteins- und mineralbildender Prozesse

© VCH Verlagsgesellschaft mbH, D-6940 Weinheim (Bundesrepublik Deutschland), 1991

Vertrieb:

VCH, Postfach 10 11 61, D-6940 Weinheim (Bundesrepublik Deutschland)

Schweiz: VCH, Postfach, CH-4020 Basel (Schweiz)

United Kingdom und Irland: VCH (UK) Ltd., 8 Wellington Court, Cambridge CB1 1HZ (England)

USA and Canada: VCH, Suite 909, 220 East 23rd Street, New York NY 10010-4606 (USA)

ISBN 3-527-27386-7   ISSN 0341-8847

DFG Deutsche Forschungsgemeinschaft

Kinetik gesteins- und mineralbildender Prozesse

Mitteilung XIX
der Senatskommission für
Geowissenschaftliche
Gemeinschaftsforschung

Deutsche Forschungsgemeinschaft
Kennedyallee 40
D-5300 Bonn 2
Telefon: (0228) 885-1
Telefax: (0228) 8852221

CIP-Titelaufnahme der Deutschen Bibliothek

Kinetik gesteins- und mineralbildender Prozesse / DFG, Deutsche Forschungsgemeinschaft.
[Hrsg.: Seifert, Friedrich]. – Weinheim: VCH, 1991
(Mitteilung ... der Senatskommission für Geowissenschaftliche Gemeinschaftsforschung /
DFG, Deutsche Forschungsgemeinschaft; 19)
ISBN 3-527-27386-7
NE: Seifert, Friedrich [Hrsg.]; Deutsche Forschungsgemeinschaft; Deutsche Forschungs-
gemeinschaft / Kommission für Geowissenschaftliche Gemeinschaftsforschung: Mittei-
lung ...

Satzkonvertierung: Filmsatz Unger & Sommer GmbH, D-6940 Weinheim. Druck: betz-druck
gmbh, D-6100 Darmstadt 12. Bindung: J. Schäffer GmbH & Co. KG, D-6718 Grünstadt
Printed in the Federal Republic of Germany

Geleitwort

Förderung der interdisziplinären Forschung innerhalb der Geowissenschaften ist Zweck und Ziel der Senatskommission für Geowissenschaftliche Gemeinschaftsforschung der Deutschen Forschungsgemeinschaft. In besonders starkem Maß trifft der Begriff „Gemeinschaftsforschung" zu für das Schwerpunktprogramm „Gesteinskinetik", über welches in diesem Heft berichtet wird. In ihm schlossen sich Wissenschaftler aus vielen Bereichen der Geowissenschaften zusammen, die zuvor wenig Kontakt miteinander hatten und häufig nur ahnten, wie nützlich intensivere Beziehungen zwischen ihren jeweiligen Spezialisierungen sein könnten.

Der Gedanke, in der geowissenschaftlichen Forschung einmal nicht die – statischen – Endergebnisse von Prozessen zu untersuchen, wie sie in den Gesteinen und ihren gegenwärtigen Zuständen dokumentiert sind, sondern die Prozesse und ihre Dynamik selbst zu Forschungsgegenständen zu machen, war eine offensichtlich attraktive Herausforderung an die Mitglieder der geowissenschaftlichen Gemeinde. Erfreulicherweise wurden aber auch Wissenschaftler aus anderen Bereichen interessiert, die sich bisher nicht mit Geofragen beschäftigt hatten. Es kam zu einer intensiven Diskussion der verschiedenen Sparten, in welche schließlich auch Wissenschaftler aus dem Ausland einbezogen wurden. Eine ganze Reihe dieser Kontakte hat sich auch über die Laufzeit des Projektes hinaus fortgesetzt; es ist zu hoffen, daß auf diesem wichtigen Gebiet die Dialoge nicht zum Erliegen kommen.

Die Geokommission hatte sich auf mehreren Sitzungen mit der Planung des Schwerpunktprogramms befaßt, Anregungen und Empfehlungen gegeben und sich auch an der Sachdiskussion beteiligt. Während der Laufzeit des Programms ließ sie sich regelmäßig unterrichten und bemühte sich ständig um seine Förderung. Der Erfolg des Schwerpunkts ist jedoch nicht zuletzt dem ständigen Einsatz und dem geschickten Management des von der Geokommission vorgeschlagenen Koordinators, Prof. Dr. Friedrich Seifert, zu verdanken. Seine Aufgaben in diesem Programm waren wegen der unterschiedlichen Herkunft der Antragsteller und der Vielfalt der Forschungsgegenstände ungewöhnlich schwierig; er bewältigte sie mit Umsicht, Zielstrebigkeit, Geduld und Unnachgiebigkeit, so daß am Ende ein ungewöhnlich geschlossenes Gesamtergebnis erzielt wurde. Für diese Arbeit, die weit über die „Koordination" hinausging, sei ihm an dieser Stelle im Namen der Geokommission herzlich gedankt.

Egon Althaus
Vorsitzender der Senatskommission für
Geowissenschaftliche Gemeinschaftsforschung

Vorwort

Der Senat der Deutschen Forschungsgemeinschaft hat im Jahre 1980 die Einrichtung eines Schwerpunktprogramms „Kinetik gesteins- und mineralbildender Prozesse" beschlossen. Dieses Forschungsprojekt wurde insgesamt sieben Jahre, vom 1.10.1981 bis 30.9.1988, gefördert. Das vorliegende Heft gibt einen gestrafften Überblick über die Ergebnisse des Forschungsprogramms. Ausführlichere Veröffentlichungen sind bereits erschienen, weitere Arbeiten werden noch in den einschlägigen Fachzeitschriften veröffentlicht.

Ziel des Programms war, die Mineral- und Gesteinsbildung einschließlich ihrer Veränderungen besser verstehen zu lernen, um damit zur Lösung einiger Probleme dynamischer geologischer Vorgänge beizutragen. Die Deutung dieser zeitabhängigen Vorgänge im Raum ist ein reizvolles, aber auch ein sehr ehrgeiziges Ziel: Nur mit Hilfe eines Zusammenspiels zwischen sorgfältigen Geländebeobachtungen und entsprechenden Untersuchungen im Laboratorium können Lösungen gefunden werden. Experimente können aber nicht in Millionen oder Milliarden von Jahren und auch nicht in Räumen von einigen Kubikkilometern Inhalt durchgeführt werden. Die Übertragung der experimentellen Beobachtungen auf Vorgänge in der Natur bedarf daher einer sehr kritischen Extrapolation der Meßergebnisse auf geologische Verhältnisse. Allein ein genaues theoretisches Verständnis der Vorgänge gestattet innerhalb bestimmter Genauigkeitsgrenzen glaubwürdige Rückschlüsse auf entsprechende Abläufe in der Natur. Hilfsmittel sind dafür zum Beispiel die geophysikalischen Randbedingungen, die aus Beobachtungen im Gelände und Experimenten an Systemen der gleichen Mineralvergesellschaftung nahegelegt werden. Oft sind zu diesem Zweck Kenntnisse der Eigenschaften der einzelnen Mineralkomponenten vom atomaren bis zum makroskopischen Bereich erforderlich. Atomar sind z. B. die Fehlstellen in kristallisierten Mineralen, die nur mit spektroskopischen Methoden sicher erfaßt werden können (Mößbauer-, Raman-, Infrarot-Spektroskopie, oder Messungen der magnetischen Kern-Resonanz NMR oder Elektronen-Spin-Resonanz ESR). Gröbere Fehlstellen sind dagegen besonders gut im Elektronenmikroskop beobachtbar, Röntgenstrukturuntersuchungen liefern spezifische Hinweise auf die druck- und temperaturabhängigen Gitterplatzbesetzungen. Auch Heterogenitäten bei Umwandlungen und Ausscheidungen können mit dieser Methode erfaßt werden. Selbstverständlich spielen dabei auch die klassischen Untersuchungsmethoden, z. B. die Lichtmikroskopie, eine gewichtige Rolle. Eine Schlüsselstellung nehmen natürlich die im Labor auszuführenden Mineralsynthesen und -reaktionen ein. Diese nur beispielhaft genannten Methoden, die ja alle auf Mineralkomponenten eines Gesteinskörpers anzuwenden sind, lassen ahnen, welch breites experimentelles Feld für die Gesteinskinetik erschlossen werden mußte. Dementsprechend arbeiteten im Schwerpunktprogramm kristallographisch-mineralogisch-materialwissenschaftlich orientierte Gruppen sehr eng mit solchen geländeorientierten Gruppen zusammen, die überwiegend petrographisch, geochemisch oder geophysikalisch interessiert waren. Wegen der besonders günstigen geologischen Voraussetzungen wurde für ihr Zusammenspiel die Kontaktaureole des *Ballachulish-Plutons* (Abb. 1) in Schottland ausgewählt. Das Ergebnis dieser umfassenden Studie wird in einem Buch zusammengefaßt, das demnächst im Springer-Verlag erscheinen wird.

Die Prüfungsgruppe hatte angeregt, zum Abschlußkolloquium in Bad Honnef am 18. Januar 1989 auch ausländische Gäste einzuladen. Allgemein wurde vermerkt, daß mit dem Kinetikprogramm zum richtigen Zeitpunkt eine Arbeitsrichtung gefördert wurde, die während ihrer Laufzeit zu einem international angesehenen Forschungsgebiet heranwuchs. Gemeinschaftsprojekte verbesserten die Zusammenarbeit zwischen verschiedenen geowissenschaftlichen Disziplinen, z. B. Geophysik, Geochemie, Petrologie und Mineralogie. Besonders hervorzuheben sind in diesem Zusammenhang die Untersuchungen an der Ballachulish-Aureole. Ohne das Schwerpunktprogramm wäre das Zusammenwirken so vieler Arbeitsgruppen an einem regionalen Projekt kaum möglich gewesen. Der erfolgreiche Abschluß der meisten Projekte führte in vielen Arbeitsgruppen zu einem besseren Verständnis der Dynamik geologischer Prozesse. Darüber hinaus wurden auch theoretische Vorstellungen vertieft und neue Untersuchungsmethoden erarbeitet. Es zeigte sich auch deutlich, wie wichtig die Übertragung der Ergebnisse von Laboruntersuchungen auf natürliche Vorgänge ist.

Auf den großen Umfang der Untersuchungsmethoden wurde bereits oben hingewiesen. Es ist daher verständlich, daß nicht bei allen Forschungsprojekten die bedenkenlose Anwendbarkeit der erzielten, durchaus positiv zu bewertenden Ergebnisse auf die Gesteinskinetik erreicht werden konnte. Dies gilt unter anderem für diejenigen Arbeitsgruppen, die Untersuchungsmethoden im atomaren bis submikroskopischen Bereich angewendet haben. Hier spielen Schwankungserscheinungen naturgemäß eine große Rolle, deren Bedeutung für die Kinetik erst durch weitere Untersuchungen klargestellt werden kann. Die Prüfungsgruppe und Teilnehmer des Schwerpunktprogramms würden es daher begrüßen, wenn wichtige, im Schwerpunktprogramm begonnene Fragestellun-

Abb.1: Der Ballachulish-Komplex und seine Aureole, von Osten her gesehen. Die Berge im Hintergrund rechts werden von den magmatischen Gesteinen des Ballachulish Igneous Complex aufgebaut, der Rücken im Mittelgrund besteht überwiegend aus den polymetamorphen Gesteinen der Kontaktaureole, die Hänge im Vordergrund aus nur regionalmetamorphen Gesteinen.

gen auch weiterhin bearbeitet und gegebenenfalls in geeigneter Weise unterstützt werden. Vor allen Dingen wäre es wünschenswert, daß die gewonnenen Erkenntnisse und Erfahrungen einem breiteren Kreis von Interessenten zugänglich gemacht werden. Eine geeignete Möglichkeit dafür wäre z.B. ein Schulungskurs (''Short Course''), dessen Inhalt in Buchform veröffentlicht werden könnte. Der interdisziplinäre Charakter, einer modernen Gesteinskinetik fordert eine stärkere Zusammenarbeit mit Arbeitsgruppen aus Nachbargebieten. Hierzu gehören in erster Linie die Fächer Festkörperphysik, Festkörperchemie und Materialwissenschaften, Gebiete, die im Rahmen dieses Schwerpunktprogramms zweifellos nicht in ausreichender Stärke vertreten waren. Es wäre daher wünschenswert, auch in den Nachbardisziplinen das Interesse an geowissenschaftlich orientierten Fragestellungen zu wecken.

Friedrich Seifert
Koordinator des
Schwerpunktprogramms

Heinz Jagodzinski
Vorsitzender der
Prüfungsgruppe

Inhalt

XIII

1 Einführung

In früheren Schwerpunktprogrammen der Deutschen Forschungsgemeinschaft auf dem Gebiet der experimentellen geowissenschaftlichen Forschung unter hohen Drücken und Temperaturen wurden einerseits Mineralgleichgewichte unter den Bedingungen der Erdkruste und des Erdmantels untersucht (z. B. Schwerpunktprogramm „Unternehmen Erdmantel") und andererseits wurden physikalische und thermodynamische Eigenschaften von Mineralen und Mineralparagenesen unter „währenden" Bedingungen bestimmt (z. B. Schwerpunktprogramm „Geowissenschaftliche Hochdruckforschung"). Derartige Untersuchungen zielen im wesentlichen auf Gleichgewichtszustände. Als eine sinnvolle und notwendige Erweiterung unserer Kenntnis über das Verhalten der Materie im Erdinnern erschien es daher geboten, in einem neuen Programm die Kinetik der Gesteins- und Mineralbildung und -umbildung zu studieren. Ziel derartiger Untersuchungen sollte die Erforschung zeitabhängiger Prozesse sein, die Aufschluß über die Dynamik der Gesteinsbildung anhand von petrologischen Kriterien geben können, wie zum Beispiel die Aufheiz- und Abkühlungsgeschwindigkeiten von Gesteinskomplexen oder ihre Verweilzeiten unter den metamorphen bzw. magmatischen Bedingungen.

Eine Schwierigkeit experimentell-geowissenschaftlicher Forschung allgemein liegt in den chemisch und strukturell komplexen Systemen begründet. Bei Gleichgewichtsuntersuchungen läßt sich dieses Problem weitgehend durch die Wahl einfacher Modellsysteme eliminieren. Es verbleiben dann nur noch Zustandsvariablen im Sinne der Thermodynamik, d. h., bei Nachweis von Gleichgewicht sind die Ergebnisse unabhängig von der Zeitdauer des Experiments und dem Druck-Temperatur-Pfad, auf dem das System seinen Zustand erreichte. Kinetische Parameter sind dagegen keine Zustandsvariablen, und die Vorgeschichte einer Probe wird entscheidenden Einfluß auf das Resultat haben. Hinzu kommt, daß für die meisten geologischen Prozesse eine weite Extrapolation zu längeren Zeitdauern oder tieferen Temperaturen erforderlich ist. Diese ist im allgemeinen nur unter der Annahme möglich, daß der Mechanismus der Transformation auch außerhalb des untersuchten Druck-Temperatur-Zeitbereiches konstant bleibt − eine experimentell nicht beweisbare Prämisse.

1

Im Schwerpunkt wurden daher zwei verschiedene Ansätze zum Teil unabhängig voneinander verfolgt, zum Teil miteinander kombiniert:

— Bestimmung kinetischer Parameter in chemisch und strukturell einfachen Einzelmineralen in Abhängigkeit von Temperatur und Druck (z. B. Austauschgeschwindigkeiten von Kationen). Der Vorteil derartiger Studien liegt darin, daß die einzelnen Variablen (Temperatur, Druck, Korngröße, Versetzungsdichte, Chemismus, Rolle einer fluiden Phase etc.) sich separieren lassen und ein intern konsistenter Datensatz gewonnen werden kann. Die direkte Anwendbarkeit ist auf sehr schnelle geologische Prozesse begrenzt, sonst ist eine weite Extrapolation erforderlich.

— Studium der Gefüge natürlicher Gesteine, der Eigenschaften ihrer Minerale und Versuch der Extraktion kinetischer Parameter. Dieser Ansatz wird insbesondere dann erfolgreich sein, wenn die thermische Geschichte der Gesteine aus unabhängigen Informationen (wie z. B. geophysikalischen Modellrechnungen) gewonnen werden kann. Nachteile sind allerdings unter anderem der polytherme Prozeß, die chemische Komplexität und die Schwierigkeit, die Rolle der fluiden Phase abzuschätzen.

2 Koordination und Organisation des Schwerpunktprogramms

Mit der Koordination des gesamten Schwerpunktprogramms war Friedrich Seifert, Universität Kiel bzw. Bayerisches Geoinstitut, Bayreuth, beauftragt. Zusätzlich wurden diejenigen Aktivitäten im Schwerpunktprogramm, die sich mit dem Ballachulish-Pluton (Schottland) und seiner Aureole befaßten (s. Abschnitt 3.4) von Gerhard Voll, Universität Köln, koordiniert.

Die organisatorische Abwicklung des Schwerpunktprogramms auf Seiten der Deutschen Forschungsgemeinschaft lag bei Albrecht Szillinsky.

Bei der Organisation von Workshops zu Spezialthemen waren behilflich Hartmut Fueß (Frankfurt/Darmstadt), Stefan Hafner (Marburg), Stephan Hoernes (Bonn), Ludwig Masch (München), Wolfgang Müller (Darmstadt), Gerhard Voll (Köln), Hans Wondratschek (Karlsruhe); die beiden ersten Kolloquien des Schwerpunkts wurden durch Paul Metz in Tübingen organisiert.

Tab. 1: Die Antragsteller des Schwerpunktprogramms (Anzahl der Sachbeihilfen pro Jahr).

	1981	1982	1983	1984	1985	1986	1987
Egon Althaus, U. Karlsruhe	1	1	1	1	1		
Georg Amthauer, U. Marburg*		1	1	1			
Peter Blümel, U. Bochum*	1	1	1	1			
Günter Buntebarth, U. Clausthal			1	2	2	1	1
Ahmed El Goresy, MPI Kernphysik Heidelberg			1	1	1		
Otto W. Flörke, U. Bochum	1	1	1	1	1	1	1
Hartmut Fueß, U. Frankfurt			1	1	1	1	
Kurt v. Gehlen, U. Frankfurt	1	1	1	1	1	1	1
Borwin Grauert, U. Münster		1	1	1	1	1	
Stefan Hafner, U. Marburg	1		1	1	1	1	1
Stephan Hoernes, U. Bonn	2	2	2	1	1		
Wilhelm Johannes, U. Hannover	1	1	1	1	1	1	1
Herbert Kroll, U. Münster	1	1	1	1	1	1	1
Klaus Langer, TU Berlin		1	1	1	1	1	

3

Tab. 1: Fortsetzung

	1981	1982	1983	1984	1985	1986	1987
Wolfgang Laqua, U. Gießen				1	1	1	
Gerhard Lehmann, U. Münster		1	1	1	1	1	1
Hans Lippolt, U. Heidelberg	1	1	1	1	1	1	1
Walter Maresch, U. Bochum*	1	1	1		1	1	1
Ludwig Masch, U. München	1	1	1	1	1	1	1
Rudolf Meissner, U. Kiel				1			
Paul Metz, U. Tübingen		1	1	1	1		
Wolfgang F. Müller, TH Darmstadt						1	1
Horst Pentinghaus, U. Münster*	1	1	1	1	1	1	1
Giselher Propach, U. München	1	1	1				
Harald Puchelt, U. Karlsruhe		1	1	1	1		
Hermann Schmalzried, U. Hannover	1	1	1	1			
Elmar Schmidbauer, U. München	1	1	1	1			
Werner Schreyer, U. Bochum	1	1	1	1			
Hans-Adolf Seck, U. Köln	1						
Friedrich Seifert, U. Kiel*	1						1
Tilmann Spohn, U. Frankfurt*		1	1				
Georg Troll, U. München	1	1	1	1	1	1	1
Gerhard Voll, U. Köln	3	2	1	1	1		
Richard Wirth, U. Köln*	1	1	1	1	1		
Eduard Woermann, RWTH Aachen	1	1	1	1	1		
Hans Wondratschek, U. Karlsruhe	1	1	1	1		1	1
Friedrich Seifert**, U. Kiel*	1	1	1	1	1	1	1

* Institution während der Laufzeit des Programms geändert
** Koordinatorenmittel
Es sind nur die federführenden Antragsteller aufgeführt

Tab. 2: Die im Schwerpunktprogramm bewilligten Mittel.

Jahr	Anzahl der Sachbeihilfen	Summe pro Jahr
1981	27	DM 1.125.532,–
1982	30	DM 1.225.842,–
1983	33	DM 1.519.253,–
1984	32	DM 1.337.896,–
1985	26	DM 1.194.907,–
1986	19	DM 870.614,–
1987	16	DM 633.610,–
Summe	183	DM 7.907.654,–

3   Wissenschaftliche Ergebnisse

Das komplexe Arbeitsgebiet des Schwerpunktes ist nicht leicht zu untergliedern, es reicht von Vorgängen im atomaren Bereich bis hin zu den Effekten einer großräumigen Wärmeausbreitung in geologischen Körpern, von der Grundlagenforschung an überschaubaren Modellsubstanzen bis hin zur Anwendung auf reale geologische Prozesse in Vielphasen- und Vielkomponentensystemen, vom Zeitmaßstab des Mikrosekundenbereichs bis zu geologischen Zeiträumen von Millionen Jahren, von der Modellierung über das Experiment bis zur Feldarbeit. Diese großen Spannen geowissenschaftlicher Forschung machten den Reiz, aber auch die Problematik des Schwerpunktes aus. Im folgenden wird der Größenmaßstab − und damit auch meistens der Zeitmaßstab − zum Kriterium der Gliederung gemacht.

3.1   Kinetik homogener Reaktionen

Die Kinetik homogener Reaktionen sollte am ehesten einer quantitativen Deutung zugänglich sein, da nur Platzwechselvorgänge im atomaren Bereich stattfinden und Einflüsse von Nukleations- und Wachstumsprozessen oder Oberflächen weitgehend oder ganz zu vernachlässigen sind.

3.1.1   Experimentelle Bestimmung der Al,Si-Austauschkinetik in Alkalifeldspäten (Herbert Kroll, Gerhard Voll)

Intrakristalline Austauschprozesse in Mineralen ermöglichen eine Rekonstruktion der Abkühlungsgeschwindigkeit von Gesteinen. Hierzu gehört auch der Al,Si-Platzwechselvorgang in Alkalifeldspäten. Während bisher derartige Rekonstruktionen über die Fe,Mg-Platzwechselkinetik in Amphibolen und Pyroxenen verfolgt wurden, regte die Untersuchung der Al,Si-Ordnungszustände in

K-Feldspäten aus der Kontaktaureole der Ballachulish-Intrusion (vgl. Abschnitt 3.4.3) eine entsprechende Bearbeitung der Alkalifeldspäte an.

Um einen Ordnungsvorgang rechnerisch für den Fall kontinuierlich sinkender Temperaturen nachvollziehen bzw. vorhersagen zu können, müssen zwei Größen bekannt sein: Raten- und Gleichgewichtskonstante. Ihre Temperaturabhängigkeit wurde unter im allgemeinen hydrothermalen Bedingungen untersucht. Die zeitliche Änderung der Al,Si-Verteilung ließ sich über den empfindlich reagierenden und genau zu messenden optischen Achsenwinkel verfolgen. Der Einfluß folgender Größen auf Raten- und Gleichgewichtskonstante wurde untersucht:

– Kalifeldspat (Or)-Gehalt des Alkalifeldspates
– Menge des Wassers relativ zur Menge der Kristalle
– Druckmedium (H_2O gegenüber CO_2)
– Höhe des hydrothermalen Drucks P_{H_2O}

Ein Beispiel für die Temperatur- und Zeitabhängigkeit der Ordnungs- und Entordnungsprozesse ist in Abbildung 2 wiedergegeben.

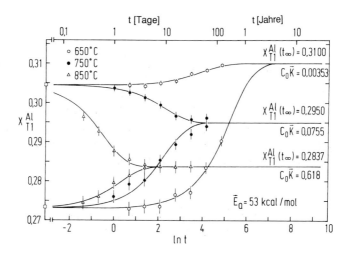

Abb. 2: Zeitliche Änderung des Ordnungsgrades X_{T1}^{Al} in Sanidin. Startmaterial: natürlicher Sanidin mit $X_{T1}^{Al} = 0{,}3045$, vorgetemperter Sanidin mit $X_{T1}^{Al} = 0{,}2730$. Gleichgewicht wird erreicht nach ca. 10 Tagen bei 850 °C, 0,5 kbar, nach ca. 100 Tagen bei 750 °C, 1 kbar, und würde erreicht nach mehreren Jahren bei 650 °C, 1 kbar. Ratenkonstanten C_0K und Gleichgewichtswerte X_{T1}^{Al} sind für jede Temperatur angegeben.

Die wesentlichen Ergebnisse der Untersuchungen sind:

1. Die Ratenkonstanten und damit auch die Aktivierungsenergien E_a des Austauschprozesses im Sanidin von Volkesfeld, Eifel (Or84) und im Anorthoklas von Puerto Rico, Gran Canaria (Or27,5) unterscheiden sich nicht signifikant: E_a = 53 bzw. 58 kcal/mol bei P_{H_2O} = 1 kbar. Dagegen ordnet sich Anorthoklas im Gleichgewicht mit sinkender Temperatur weniger stark als Sanidin. Dies ist auf die geringere Enthalpiedifferenz $\Delta H°$ zwischen geordnetem und antigeordnetem Zustand zurückzuführen: $\Delta H°$ = 3,0 kcal/mol für Or84, $\Delta H°$ = 1,0 kcal/mol für Or27,5.

2. Die Menge des anwesenden Wassers hat im Bereich zwischen 1 und 10 Gewichtsprozent bei gegebenem Druck keinen merklichen Einfluß auf die Al,Si-Platzwechselkinetik.

3. Beim Tempern unter P_{CO_2} = 1 kbar oder an Luft zeigt vorgetemperter Sanidin (1050 °C) bei Temperaturen unterhalb 800 °C keine Ordnungstendenz, während unbehandelter natürlicher Sanidin bei gleichen Temperaturen eine von Temperatur und Kristallgröße abhängige geringe Entordnung aufweist. Der Entordnungsprozeß kommt um so schneller zum Erliegen, je kleiner die Kristalle sind (vgl. Abschnitt 3.1.2).

4. Ist dagegen Wasser anwesend, ordnet sich einerseits der vorgetemperte Sanidin, andererseits ist die Entordnungskinetik beim natürlichen Sanidin schnell und unabhängig von der Zeit. In beiden Fällen ist jedoch eine nichtlineare Abhängigkeit der Ratenkonstanten vom hydrothermalen Druck festzustellen, die im Arrhenius-Diagramm zu einer Druckabhängigkeit der Aktivierungsenergie führt. Nach den bisherigen Ergebnissen nimmt die Aktivierungsenergie zu, wenn der hydrothermale Druck abnimmt, und zwar von 53 kcal/mol bei P_{H_2O} = 1 kbar auf 88 kcal/mol bei 0,1 kbar.

Mit diesen Daten ließen sich erste Aussagen über die Abkühlungsbedingungen in der Ballachulish-Kontaktaureole machen (s. Abschnitt 3.4.3).

3.1.2 Al,Si-Platzwechselkinetik in Eifelsanidinen (Hans Wondratschek)

Unter den Auswürflingen des Eifelvulkanismus treten Sanidin-Megakristalle auf − am bekanntesten sind diejenigen von Volkesfeld − die eine extrem rasche Tief-Hoch-Umwandlung aufweisen. Das Ziel der Untersuchungen war insbesondere

− die rasche Tief-Hoch-Umwandlung zu charakterisieren,
− andere Sanidine vergleichend zu untersuchen und nach Unterschieden und Gemeinsamkeiten der verschiedenen Feldspäte zu suchen,

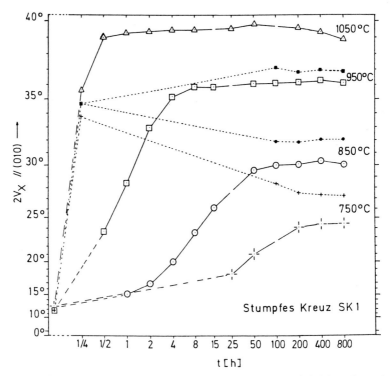

Abb. 3: Sanidin vom Stumpfen Kreuz, Eifel: optischer Achsenwinkel $2V_x$ als Funktion der Zeit in Stunden (log-Skala) für Tempern bei $T = 700\,°C$, $850\,°C$, $950\,°C$ und $1050\,°C$. Durchgezogene Kurven: natürliche Proben. Gestrichelte Kurven: Proben 15 min bei $1050\,°C$, dann zusammen mit den natürlichen Proben bei der jeweiligen Temperatur getempert. – Der Achsenwinkel ist ein Maß für die Si,Al-Ordnung. Vorgetemperte und natürliche Proben konvergieren bei Werten, die von T abhängen. Dabei erhöhen die vorgetemperten Proben für $T = 750\,°C$ und $850\,°C$ ihren Ordnungsgrad (abnehmende Werte von $2V_x$). – Aus Bertelmann et al. (1985).

– die Umwandlungskinetik zu beeinflussen, insbesondere zu versuchen, die „träge" Tief-Hoch-Umwandlung anderer Feldspäte zu beschleunigen,
– die Ursache der besonderen Eigenschaft des Sanidins von Volkesfeld zu finden.

Hierzu wurden umfangreiche Heizversuche an definiertem Material unter verschiedenen Atmosphären durchgeführt und die Einkristallproben routinemäßig kristalloptisch, röntgenographisch, mit Ätzmethoden und Infrarot (IR)-spektroskopisch untersucht. Zusätzlich kamen analytisch-chemische Verfahren,

8

Neutronenbeugung, Gamma-Beugung, Röntgentopographie, Röntgen- und Neutronenbestrahlung sowie Hochdruck-Temperbehandlung zum Einsatz. Die Kombination der verschiedenen Methoden lieferte folgende Resultate:

1. Nicht nur Sanidin von Volkesfeld/Eifel, sondern alle zur Verfügung stehenden Eifelsanidin-Megakristalle zeigen die extrem große Al,Si-Platzwechselgeschwindigkeit, unabhängig von Vorkommen und Entstehungszeitpunkt innerhalb des Eifel-Vulkanismus. Ein Beispiel ist in Abbildung 3 gezeigt. Dagegen zeigt keiner der untersuchten Sanidine anderer Herkunft diese Eigenschaft, die unabhängig von der Atmosphäre beim Tempern ist.
2. Die Eifelsanidine zeigen keine Anzeichen von Na,K-Entmischung oder Verzwilligung (außer gelegentlich makroskopischen Bavenoer Zwillingen); sie sind außerordentlich homogen, selbst im dm-Bereich.
3. Die Eifelsanidine sind bezüglich Fernordnung und Mosaikbau fast perfekt, ihre Versetzungsliniendichte liegt in klaren und einschlußfreien Partien unter $1000/cm^2$.
4. Die Kristalle zeigen eine rauchbraune Strahlungsverfärbung, die am Tageslicht oder bei höherer Temperatur rasch ausbleicht und durch Röntgenbestrahlung wieder regeneriert werden kann. Die Farbe hat direkt nichts mit dem Umwandlungsverhalten zu tun.
5. Die anomale Umwandlungsgeschwindigkeit verliert sich im Lauf des Temperns; die Proben verhalten sich dann träge wie andere Alkalifeldspäte. Der Verlust an Umwandlungsgeschwindigkeit geschieht aber unter geeigneten Bedingungen langsamer als die Umwandlung selbst, so daß es gelingt, durch Tempern in trockener Atmosphäre eine Erhöhung des Al,Si-Ordnungszustandes zu erreichen.
6. Der Verlust an Umwandlungsgeschwindigkeit geht von der Oberfläche aus, ist aber unabhängig von der Atmosphäre. Daher sind Sanidinscheiben < 0,2 mm Dicke oder Pulver „träge", im Kern dicker Scheiben behält die Umwandlungsgeschwindigkeit lange ihren hohen Wert.
7. Die Eifelsanidine enthalten etwa 300 ppm H_2O oder OH. Die IR-Banden (Valenzschwingungen) sind polarisiert und zeigen OH auf mindestens zwei Positionen an. Beim Tempern geht die Intensität dieser Banden um bis zu 1/3 zurück. Dabei ist eine Änderung der relativen Intensitäten der Banden oder ihrer Polarisation nicht zu erkennen.
8. Die natürlichen Eifelsanidine sind praktisch Li-frei. Eindiffusion von Li-Ionen durch die Oberfläche hebt nicht nur die „Trägheit" der oberflächennahen Bereiche auf, sondern erhöht sogar die Al,Si-Austauschgeschwindigkeit über den im Innern gemessenen Wert hinaus. Durch Tempern „träge" gewordene Sanidine werden durch Li „reaktiviert", und Li beschleunigt mindestens bei

„Orthoklas" von Madagaskar (einem Tief-Sanidin) die Al,Si-Austauschvorgänge erheblich, wenn dieser auch nicht die Austauschgeschwindigkeit des Sanidins von Volkesfeld erreicht.

Das Umwandlungsverhalten der Eifelsanidine ist jetzt phänomenologisch recht gut bekannt, auch im Vergleich zu anderen Sanidinen, und es gibt Ansätze zur gezielten Beeinflussung der Kinetik (s. o.). Die Ursache des anomalen Verhaltens der Eifelsanidine ist aber noch ungeklärt. Es ist zu vermuten, daß die Perfektheit der Kristalle dabei eine Rolle spielt, der Mechanismus ist aber nicht bekannt.

3.1.3 Paramagnetische Defektzentren in Alkalifeldspäten und ihr Einfluß auf die Al,Si-Verteilungskinetik (Stefan Hafner, Hans Wondratschek)

Das Ziel der Untersuchungen war es, einen möglichen Zusammenhang zwischen dem Verhalten von Defektzentren und dem optischen Achsenwinkel (und damit der Al,Si-Verteilung) zu bestimmen. Hierzu wurden zunächst paramagnetische Defektzentren im EPR (paramagnetische Elektronen-Resonanz)-Spektrum identifiziert und ihre kristallographischen Positionen nachgewiesen. Sie betrafen in erster Linie Eisen (als allgemein häufigstes Spurenelement in natürlichen Feldspäten) und O^{1-}-Ionen („Elektronenlöcher" an O^{2-}-Ionen).

Im Sanidin von Volkesfeld und im Albit von Amelia konnte Eisen in zwei verschiedenen Arten nachgewiesen werden: 1) als Fe^{3+}-Ionen, die für Al^{3+} oder Si^{4+} an den regulären tetraedrischen Positionen substituiert sind, und 2) Eisen im Zusammenhang mit paramagnetischen oder superparamagnetischen Oxid-Clustern, die in sehr geringer Konzentration auf Zwischengitterplätzen oder lokal extrem gestörten Kristallbereichen auftreten. Diese Cluster zeigen EPR-Spektren, die z. B. jenen von Hämatit oder Magnetit-Partikeln ähnlich sind.

Intrakristalline Kinetik von Fe^{3+}-Ionen: Fe^{3+}-Ionen sind im natürlichen Sanidin von Volkesfeld weitgehend ungeordnet über die kristallographischen T1- und T2-Positionen verteilt, wobei T1 etwas bevorzugt wird. Temperversuche bei 1050 °C ergaben in Zeiten bis zu 3300 h eine allmähliche Änderung der T1- und T2-Besetzung von Fe^{3+} in Richtung völlig ungeordneter Verteilung. Diese Änderungen korrelieren mit denen der Gitterkonstanten und des optischen Achsenwinkels. Der letztere ist nur von der Al/Si-Verteilung, jedoch nicht von der Fe^{3+}-Verteilung abhängig. Die Kinetik des Austauschs von Fe^{3+} mit Al bzw. Si zwischen T1 und T2 bei 1050 °C ist deutlich langsamer als diejenige von Si und Al unter sich. Die Fe^{3+}-Besetzung von T1 und T2 wird somit bei der Kristallisation des Minerals weitgehend festgelegt. Im Temperaturbereich zwischen 650 und

1050 °C, also bei Temperaturen, die für die Al,Si-Austauschkinetik noch eine Rolle spielen, ändert sich das EPR-Spektrum von Fe^{3+} auf T1 und T2 nicht. Im Albit von Amelia konnte Fe^{3+} nur an der T1(o)-Position nachgewiesen werden. Während der Austausch von Al und Si auf allen vier Tetraederpositionen im Temperaturbereich zwischen 500 und 900 °C bereits im größeren Umfang ablief, änderte das Fe^{3+} seine Position nicht. Ähnlich wie beim Sanidin verhält sich also der Fe^{3+},Al und Fe^{3+},Si-Austausch träge im Vergleich zum Al,Si-Austausch.

Intrakristalline Kinetik von O^{1-}-Ionen: Die Defektzentren von O^{1-}-Ionen können in EPR-Spektrum durch experimentelle Röntgenbestrahlung verstärkt sichtbar gemacht werden, falls sie durch die natürliche Bestrahlung im Gestein nicht schon restlos aktiviert sind. Die Resonanz von O^{1-} war nur im Temperaturbereich 20–200 K beobachtbar, oberhalb ca. 250 K wird sie zerstört. Das kristallographische Defektzentrum, das das Elektronenloch am Sauerstoff verursacht, bleibt dabei intakt und die O^{1-}-Ionen können durch erneutes Bestrahlen reversibel reaktiviert werden.

Im Albit von Amelia gelang es, fünf verschiedene O^{1-}-Zentren an vier unterschiedlichen kristallographischen Positionen nachzuweisen. Weitere Zentren konnten zwar erkannt, aber kristallographisch nicht genauer bestimmt werden. Die Spektren der Zentren 1–3 (11 Linien) zeigen Super-Hyperfein (SHF)-Strukturen, die durch zwei ^{27}Al-Nachbarn verursacht werden (Verletzung der Löwensteinschen Regel). Das Spektrum des Zentrums 4 wird verursacht durch einen ^{27}Al und zwei ^{23}Na-Nachbarn, d. h., hier liegt keine Verletzung der Löwensteinschen Regel vor. Das Zentrum 5 entspricht O^{1-} auf einer Brücke zwischen einem T1(m)- und einem T2(o)-Tetraeder, von denen eines von Si und das andere von einem zweiwertigen Fremdkation besetzt ist. Beim Tempern bei 850 °C, das zu einer intermediären Al,Si-Verteilung führt, verschwinden alle Zentren bis auf die Typen 1 und 2.

Im natürlichen, nicht getemperten Sanidin von Volkesfeld existieren zwei unterschiedliche Zentren (Typ 1 und 2 von oben), deren Intensität durch Tempern geändert werden kann.

3.1.4 Ordnungszustände von Kalifeldspäten in den Gesteinen der Kagenfels-Intrusion (Giselher Propach)

Ziel des Projektes war es, Zusammenhänge zu erfassen zwischen dem Al,Si-Ordnungsgrad im Kalifeldspat und der für den Ordnungsprozeß zur Verfügung stehenden Zeit. Die Kagenfels-Intrusion (Vogesen) bietet hierfür günstige Voraussetzungen:

– Der Hauptkörper ist in erster Näherung gangförmig. Im Süden löst er sich in eine Vielzahl von Gängen auf, deren Breite von 2 mm bis 200 m reicht. Aufgrund der unterschiedlichen Gangbreiten ergibt sich eine breite Spanne von Abkühlzeiten (bei $d_{max}:d_{min} = 10^6$ ist $t_{max}:t_{min} = 10^{12}$). Im Bereich des Südausläufers gehen die Granite nach Süden hin in Gesteine mit granophyrischer bis dichter Grundmasse über, im folgenden „Rhyolithe" genannt.

– Aus den geologischen, petrographischen und geochemischen Befunden läßt sich ableiten, daß die Anfangsbedingungen der Abkühlgeschichte einheitlich waren: $T = 750\,°C$, $P = P_{H_2O} = 50$ MPa.

Als Kennzeichen für den Ordnungszustand wird im folgenden die Summe $t_1 = t_1o + t_1m$ verwendet (0,5 bei ungeordneter Verteilung im Hochsanidin, 1,00 bei maximaler Ordnung im Tiefmikroklin).

Um das Ergebnis des Ordnungsvorganges – den jetzigen Ordnungszustand – beurteilen zu können, muß man den Anfangszustand kennen. Im Granit liegt der minimale Ordnungsgrad bei $t_1 = 0,78$, in den Rhyolithen bei 0,74. Mehrere Überlegungen führen zu der Annahme, daß der Ausgangswert nicht wesentlich niedriger lag, d. h. bei etwa 0,70.

Im Granit führte der Ordnungsvorgang bis zu Mikroklinen mit $t_1 = 0,91 \pm 0,02$. Diese Maximalwerte wurden nur im Westteil bei besonderer intensiver Einwirkung der fluiden Phase erreicht (viel Li-haltiger Hellglimmer, viele und große Miarolen). Im Ostteil (kaum Hellglimmer, kleine Miarolen) ging die Ordnung nur bis 0,83 $\pm$ 0,03.

In den Rhyolithen hat die Abkühlung ebenfalls bis zu Ordnungsgraden $t_1 = 0,93$ geführt. Es ist jedoch keinerlei gesetzmäßige Beziehung zwischen dem erreichten Ordnungsgrad, der berechneten Abkühldauer, dem Gefüge der Grundmasse und dem Grad der postmagmatischen Verglimmerung zu erkennen.

3.1.5 Einbau von Fe^{3+} in natürliche Amethyste und synthetische eisendotierte Quarze (Gerhard Lehmann)

Der Einbau von Fe^{3+} in Quarz erzeugt Defekte, die mit Elektronenspinresonanzmethoden empfindlich nachzuweisen sind und die prinzipiell Aufschluß über die Wachstumsbedingungen und Temperzeiten eines Kristalls geben können. Die Ziele der Projektes waren

— genaue Charakterisierung und Strukturaufklärung bereits bekannter Zentren,

- Suche nach weiteren Zentren und deren gezielte Darstellung,
- Beurteilung der Qualität der Kristalle,
- anomaler Pleochroismus, d. h. ungleicher Einbau des Eisens auf die drei Si-Plätze,
- Bestimmung der relativen Gehalte an diesen Zentren in Amethysten unterschiedlicher Herkunft.

In dem als Vorläufer des Amethyst-Zentrums wirkenden substitutionellen S1-Zentrum war die Natur des als Ladungsausgleich wirkenden Alkaliions noch unbekannt. Es wurde durch Austausch-Elektrolyse und Messung des Hyperfeinaufspaltungstensors in Kristallen hoher Qualität als Li identifiziert. Fein- und Hyperfeinstruktur des S2-Zentrums mit einem Proton als Ladungsausgleich wurden ebenfalls vollständig aufgeklärt. In diesem S2(D)-Zentrum ist das Proton an einen Sauerstoff mit längerem Bindungsabstand im $SiO_{4/2}$-„Tetraeder" gebunden. Für ein in der Literatur beschriebenes weiteres triklines Zentrum wurde gezeigt, daß es der komplementäre Defekt S2(C) mit dem Proton an einem Sauerstoff mit kürzeren Bindungsabstand sein könnte; ein endgültiger Beweis war wegen fehlender Hyperfeinaufspaltungsdaten nicht möglich.

Die Natur des als Zwischengitter-Ion eingestuften I-Zentrums ist noch immer umstritten. Von einer anderen Arbeitsgruppe wird es als substitutionelles Zentrum ohne benachbarten Ladungsausgleich gedeutet. Es wurde jedoch hier gezeigt, daß dies weder mit dem Nullfeldaufspaltungsmuster noch mit der Größe der ^{57}Fe-Hyperfeinaufspaltung, die nur mit einer sechsfachen Koordination zu vereinbaren ist, verträglich ist.

Zur gezielten Darstellung neuer Zentren wurde Li durch Austauschelektrolyse gegen Na ersetzt. Das resultierende Zentrum hat unterhalb 60 K trikline Punktsymmetrie, weil eine Position des größeren Na^+ außerhalb der zweizähligen Achse energetisch günstiger ist. Bei höheren Temperaturen resultiert durch einen schnellen Wechsel zwischen den zwei energetisch gleichwertigen Lagen eine monokline Symmetrie. Die geringe thermische Stabilität erklärt, warum dieses Zentrum bisher trotz genügend hoher Na-Gehalte in natürlichen Amethysten nicht beobachtet werden konnte.

Der kinetisch bedingte unterschiedliche Einbau von Fremdionen auf kristallographisch gleichwertige Plätze beim Wachstum niedersymmetrischer (hier Rhomboeder-) Flächen sollte mit steigender Wachstumstemperatur zunehmend ausgeglichen werden. Es ist daher denkbar, daß dieser Effekt als geologisches Thermometer genutzt werden kann. Die Temperaturabhängigkeit kann jedoch nur durch Wachstumsversuche genau bestimmt werden. Amethyste aus Zerrklüften sind meist zu klein, um aus ihnen geeignete Wachstumssektoren zu isolieren.

Obwohl die S2-Zentren erst durch nachfolgende Bestrahlung gebildet werden, ist ihre Konzentration durch die Menge des eingebauten Wasserstoffs begrenzt, also letztlich doch kinetisch bedingt. Auffällig ist die starke Bevorzugung der Bildung der S2(D)-Zentren. Das Verhältnis von S1 zu I-Zentren hängt entscheidend von der Wachstumsfläche ab, ein Einbau auf Gitterplätze erfolgt offenbar nur bei Wachstum von Rhomboederflächen. Höhere Temperaturen begünstigen hier die Bildung der I-Zentren, zur Bildung der S1-Zentren ist jedoch ein ausreichendes Angebot an Li^+-Ionen erforderlich. Die Qualität der Kristalle steigt offenbar mit der Wachstumstemperatur.

3.1.6 Spurenverunreinigung in Quarz als Funktion der Wachstumskinetik — Einfluß auf Gefüge und Kristalleigenschaften (Otto W. Flörke)

Für die Bearbeitung des Problems wurde anfangs als strukturelle Sonde Eisen, später — nachdem genügend methodische Erfahrungen und Einblicke in das Verhalten der Spurenelemente in der Struktur gewonnen waren — dann das geowissenschaftlich interessantere Aluminium gewählt. Zusätzlich wurden die — bei Substitution von Si durch Fe oder Al — ladungskompensierenden Elemente H, Li, Na und K bearbeitet, wobei die strukturelle Lokalisation der Protonen direkt mit IR-Spektroskopie, die von Fe und Al mit Elektronen-Spin-Resonanz-Spektroskopie (ESR) angegangen wurde. Hier muß darauf hingewiesen werden, daß die ESR-Spektroskopie keine Absolutwerte der Konzentrationen ergibt. Die Gesamtkonzentration der Spurenelemente wurde chemisch bestimmt.

Eine größere Zahl natürlicher, industriell oder im eigenen Labor gezüchteter Kristalle wurde untersucht, wobei große Sorgfalt auf kristallographisch-einwandfreie — und das heißt auch wachstumssektorenspezifische Probenpräparation verwandt wurde. Während von Natur- und industriellen Zucht-Kristallen die Genese nur annähernd bekannt war, ist sie bei den eigenen Kristallen gut dokumentiert.

Die kristalloptische Charakterisierung wurde an (0001)-Kristallschnitten durchgeführt. Die Anomalie der optischen Zweiachsigkeit (2V bis 12°) wurde auch hinsichtlich der Orientierung der optischen Achsenebenen (OAE) kartiert.

Die Versetzungsdichte, die Richtung der Versetzungslinien im Kristall, ihre Beziehungen zu den Wachstumsbedingungen und die Korrelation mit der anomalen Zweiachsigkeit wurden durch röntgentopographische Vermessung bestimmt.

Infrarot(IR)-spektroskopische Messungen bei Raum- und Tieftemperatur ($-195\,^\circ$C) wurden vor und nach Entwickeln der Farbzentren mit ionisierender Strahlung, vor und nach trockenem oder hydrothermalem Tempern sowie vor und nach elektrolytischer Austauschdiffusion von Alkalien durchgeführt und mit Konzentration und Art des Einbaus der Protonen und deren Beziehungen zu den Gefügeelementen korreliert. Das führte bei Amethyst zur Unterscheidung zweier Typen. Im „trockenen" Typ ist die Protonenkonzentration in allen Wachstumssektoren < 200 H/10^6 Si, im „nassen" Typ dagegen in den Wachstumssektoren des positiven Rhomboeders >800 H/10^6 Si. Beide Typen differieren auffällig im Zwillingsgefüge, das jedoch in keinem direkten Zusammenhang mit dem Protoneneinbau steht. IR-Messungen an trocken getemperten Proben zeigen, daß die Protonenkonzentration durch Ausscheidung von molekularem Wasser in Einschlüssen abnimmt, hierbei werden strukturelle OH-Gruppen in Kristallen mit höherer Protonenkonzentration schneller abgebaut.

Die Wachstumskinetik bedingt eine ungleiche Substitution der drei symmetrieäquivalenten Siliziumpositionen der Tiefquarz-Struktur durch Fe oder Al. Diese Ungleichverteilung wurde mit Elektronen-Spin-Resonanz (ESR) gemessen. Während Eisen direkt paramagnetische Defekte bei Substitution oder interstitiellem Einbau erzeugt, muß bei Al-Substitution erst durch Bestrahlen das Rauchquarzzentrum aktiviert werden, wobei durch Defektelektronen an einem der Sauerstoffliganden der paramagnetische Defekt entsteht. Die ESR-Messungen ergaben extreme Ungleichgewichtsverteilungen, deren Ausmaße eng mit den Wachstumsbedingungen der Kristalle zusammenhängen. Damit läßt sich jetzt die Genese natürlicher und industrieller Quarze nachvollziehen. Beim Nachtempern äquilibrieren sich die Fe- oder Al-Verteilungen (vgl. Abb. 4) sowie die Verteilung der mitgeschleppten Kompensator-Elemente, wobei die ausgleichende Diffusion unter trockenen Bedingungen rascher abläuft als unter Hydrothermalbedingungen (Kompression der Struktur durch den Druckeinfluß).

Mit Röntgenbeugung konnte erstmals die Orientierung der Zwillingsgrenzflächen der polysynthetischen submikroskopischen Rechts/Links- (Brasilien) Verzwilligung bestimmt werden. Sie liegen parallel zu den Netzebenen des positiven Rhomboeders, so wie es von anderen Forschern mit Transmissionselektronenmikroskopie schon wahrscheinlich gemacht worden war. Noch immer ist jedoch nicht klar, ob die mit der Verzwilligung einhergehende hohe Eisenkonzentration ursächlich für die Zwillingsbildung ist oder vice versa. Diese Frage hat jedoch entscheidende Bedeutung für die noch nicht gelöste Synthese der mikrokristallinen Quarzspecies Chalcedon, die neben ihrem mineralogischen Interesse — anders als bei grobkristallinem Quarz — eine weithin unbekannte Bedeutung als zähharter, hochreiner Werkstoff besitzt.

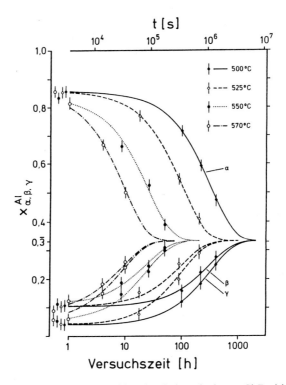

Abb. 4: Änderung der Besetzungszahlen der drei äquivalenten Si-Positionen α, β und γ mit Al mit der Versuchszeit als Funktion der Temperatur. Synthetischer Rauchquarz, ⟨z⟩-Wachstumssektor, trockene Bedingungen an Luft.

Die Kristallzüchtungen haben neben den Erkenntnissen über Spureneinbau und innerkristallines Fehlergefüge auch Erkenntnisse für den allgemeinen Wachstumsprozeß gebracht. Sie führten bei gegebener Nährlösung zur Aufklärung von Zusammenhängen zwischen Flächenverschiebungsgeschwindigkeiten, Wachstumstemperaturen und Züchtung reiner und sehr fehlerarmer Kristalle.

Die durch inäquivalente Si-Substitution verursachten kristalloptischen Anomalien konnten – da es sich um allgemeine Symmetriebrechung handelt – auch mit anomal verzerrten (0001)-Schnitten der IR-Absorptionsfiguren bestimmter Banden und mit den begleitenden ESR-Messungen der relativen Fe- und Al- Konzentrationsverteilungen parallelisiert werden. Diese Ungleichgewichts-Verteilungen werden mit meßbarer Geschwindigkeit oberhalb 400–450 °C diffusiv abgebaut, und damit verschwinden auch die Anomalien.

16

Für die Diffusion wurden aufgrund von Modellen Berechnungen durchgeführt, die mit den Experimenten befriedigend übereinstimmen. Aus den Geschwindigkeitskonstanten konnten auf der Basis des „Random-Walk"-Prinzips Diffusionskoeffizienten berechnet werden, die bei den untersuchten Temperaturen zwischen 10^{-24} und 10^{-27} m^2/s liegen. Das hier angewandte Verfahren erlaubt die Bestimmung von Diffusionskoeffizienten in Temperaturbereichen, die mit konventionellen Methoden der Messung nicht zugänglich sind.

3.1.7 Kinetik der Bildung von Fe^{3+}-führenden Defekten in Olivin (Klaus Langer, Lado Cemic)

Die Art und Konzentration von Defekten kontrollieren die Transporteigenschaften in Kristallen und damit die Kinetik sowohl von inter- als auch intrakristallinen Reaktionen. Punktdefekte sind einer quantitativen Behandlung besonders zugänglich, da sie sich bei genügend hohen Temperaturen im thermodynamischen Gleichgewicht befinden können.

In Olivinen sind für die Bildung der Majoritätsfehler Fe^{*}_{Fe}, $V_{Fe''}$, Fe'_{Si} und ($Fe^{*}_{Fe}Fe'_{Si}$) (Notation nach Sockel 1974) die Gleichgewichtsreaktionen und -konstanten bestimmt worden (Nakamura und Schmalzried 1983). Mit diesen Gleichgewichtskonstanten kann der Nichtstöchiometrieparameter $\xi = n_{Si}/(n_{Si} + n_{Fe})$ unter Festhalten der SiO$_2$- oder der FeO- bzw. Fe$_3$O$_4$-Aktivität für verschiedene Temperaturen berechnet werden.

Da die Konzentration der genannten Fe^{3+}-führenden Punktfehler, Fe''_{Fe} und Fe'_{Si} in Olivinen die Sauerstoff-Fugazität ihrer Bildung abbildet und ihre Eigenschaften wie elektrische Leitfähigkeit, plastisches und elastisches Verhalten bestimmt, sollte in diesem Projekt die kinetische Frage der Bildungsgeschwindigkeit der Punktfehler an der Modellsubstanz Fayalit geklärt werden.

Als Lösungsansatz wurde folgendes Experiment konzipiert: Kristallographisch orientiert geschnittene Würfel (Kanten ca.//[100], [010], [001]) von Fayalitkristallen, die bei definierter hoher Sauerstoff-Fugazität fO'_2 gezüchtet wurden und daher eine definierte Konzentration an Fe^{3+} (Fe^{*}_{Fe}, Fe'_{Si} und Lücken V''_{Fe}) enthalten, werden innerhalb des ξ-fO_2-T-Volumens von Fayalit bei festgelegter $fO''_2 < fO'_2$ bestimmte Zeit getempert. Dieses Nachtempern induziert einen Diffusionsstrom von Fe^{3+} und Leerstellen an die Oberfläche des Würfels und einen äquivalenten Strom von Fe^{x}_{Fe}, d.h. von Fe^{2+} und Si^{x}_{Si} in die entgegengesetzte Richtung. Im orthorhombischen Fayalit ist dieser Prozeß ein dreidimensional-anisotropes Phänomen, das im einfachsten Fall durch die Diffusionskoeffizienten D_{xx}, D_{yy} und D_{zz} charakterisiert wird. Nach dem Experiment ergeben sich daher entlang x, y und z Fe^{3+}-Konzentrationsprofile mit $c_{Fe^{3+}}$ im Zentrum höher als am Rand.

Diese Fe^{3+}-Konzentrationsprofile (mit Konzentrationswerten entsprechend 0.0x bis 0.x Gew.% Fe_2O_3) müssen an geeigneten Schnitten genau bekannter Dicke mit hoher lokaler Auflösung gemessen werden. Die Auswertung der gemessenen Profile auf der Basis des Modells der Diffusion in einer Platte liefert nach den Formalismen von Crank (1975) die Diffusionskoeffizienten D_{xx}, D_{yy} und D_{zz}.

Es ist gelungen, eine mikroskopspektrometrische Methode zur Bestimmung sehr kleiner Fe^{3+}-Konzentrationen in Fayalit mit hoher lokaler Auflösung (bis herunter zu 5 µm) zu entwickeln. Wegen der niedrigen Konzentrationen an Fe^{3+}, wegen der notwendigerweise geringen Schichtdicke (ca. 20 µm) der aus den nachgetemperten Kristallwürfeln zu schneidenden Plättchen und wegen des Spinverbots für alle dd-Übergänge des Fe^{3+} wurde die Methode auf die theoretisch zu erwartende Rotverschiebung der UV-Kanten mit steigendem Fe^{3+} gegründet. Die Eichung basiert auf den von Nakamura und Schmalzried (1983) berechneten Platzfraktionen $x^{Fe^{3+}}$, die für die Zucht-fO_2' erhalten wurden, und der Vermessung von Kristallplättchen von Fayaliten, die bei verschiedenen Sauerstoff-Fugazitäten bei 10 kbar/800°C gezüchtet worden waren.

Ein erfolgreiches Diffusionsexperiment bei $fO_2'' = 9{,}7 \cdot 10^{-18}$ bar, $T'' = 895°C$, 13,3 h wurde mit einem Fayalitwürfel von 1,8 mm Kantenlänge durchgeführt. Der Würfel war aus einem Fayalitkristall geschnitten, der aus einem Skull-Schmelzprodukt bei $fO_2' = 4 \cdot 10^{-9}$ bar, $T' = 1200°C$ erhalten wurde. Zwei Profile parallel z konnten gemessen werden, sie ergeben

$$D_{zz}, V''_{Fe} = 5{,}7 \text{ bzw. } 4{,}0 \cdot 10^{-8} \text{ [cm}^2\text{s}^{-1}]$$

in guter Übereinstimmung mit einem gemittelten, aus Interdiffusionsexperimenten an Olivin-Pulverpreßkörpern berechneten Wert (Nakamura und Schmalzried 1983, $6{,}48 \cdot 10^{-8}$ cm^{2}s^{-1}). Die Ergebnisse zeigen auch, daß mikroskopspektrometrisch Diffusionsprozesse von solchen $3d^N$-Ionen analysiert werden können, die die kernladungszahlspezifische Mikrosonde nicht erfaßt.

3.1.8 Diffusivität von Argon in Glimmern – Zur Interpretierbarkeit von $^{40}Ar/^{39}Ar$-Spektren von Biotit und Muskovit (Hans J. Lippolt)

Die konventionelle Erwartung bei der Interpretation von $^{40}Ar/^{39}Ar$-Altern ist, daß Plateau-Alter eine bessere Näherung an das geologische Alter darstellen und weniger beeinflußbar sind als das Gesamtargon-Alter. Die Überprüfung

18

dieser Vorstellung ist wichtig als Grundlage für die Ermittlung von abkühlungsbedingten Altersdiskordanzen von Mineralpaaren, wo es wegen der Differenzenbildung ähnlich großer Zahlen auf hohe Präzision und Genauigkeit ankommt. Die Auswirkungen von thermischen Beanspruchungen auf die $^{40}Ar/^{39}Ar$-Spektren wurden daher experimentell ermittelt. Da sowohl Biotit als auch Muskovit OH-Gruppen enthalten und sich möglicherweise beim Erhitzen im Vakuum zu zersetzen beginnen, wurden hydrothermale Versuchsbedingungen gewählt (in Kooperation mit Prof. Metz, Tübingen).

Zweitens wurde die Frage gestellt, ob möglicherweise bei der Neutronenbestrahlung zur ^{39}Ar-Erzeugung systematische Abweichungen durch ^{39}Ar-Rückstoßverluste auftreten, welche die Bestimmung kleiner Altersdifferenzen nach der $^{40}Ar/^{39}Ar$-Spektralmethode unmöglich machen. Zu diesem Zweck wurden die Bestrahlungen in evakuierten Quarzampullen vorgenommen und die bei der Bestrahlung mobilisierten ^{39}Ar-Mengen nach Aufbrechen der Ampullen direkt gemessen.

Aus den beiden Ansätzen folgt: Die Entwicklung der $^{40}Ar/^{39}Ar$-Spektren der beiden Glimmer folgt nicht der Erwartung des Volumendiffusionsmodells. Durch eine den Schließungsbereich erfassende Erwärmung werden die Plateaus insgesamt erniedrigt. Nur der Muskovit zeigt am Anfang des Plateaus eine Art Treppe. Die Existenz eines Plateaus ist deshalb bei Glimmern kein Beweis dafür, daß der zugehörige Alterswert geologisch signifikant ist. Der Biotit hat zudem die Eigenschaft, $^{40}Ar/^{39}Ar$-Plateaus zu höheren Werten hin zu verfälschen: Er enthält – als inverse Funktion des Gesamtkaliumgehalts – Umwandlungsbereiche mit kleineren Kaliumwerten und größerer Argon-Diffusivität. Das führt bei der Neutronenbestrahlung zu ^{39}Ar-Verlusten und zu einer scheinbaren Erhöhung der Alterswerte. Erfaßt man jedoch das mobilisierte ^{39}Ar durch Ampullenexperimente, dann ist gewährleistet, daß die $^{40}Ar/^{39}Ar$-Gesamtargon-Alter, welche dem konventionellen K-Ar-Alter entsprechen, richtig gemessen werden.

Demnach kommt bei Glimmern den $^{40}Ar/^{39}Ar$-Plateaus nicht die große Bedeutung zu, die man theoretisch aus Volumendiffusionsmodellen abgeleitet hat. Die Gesamtargon-Alter sind die geologisch wertvolleren Informationen.

3.1.9 Kinetik mineralischer Gläser
(Kurt v. Gehlen, Matthias Rosenhauer)

Aus geowissenschaftlicher Sicht besitzen Gläser aufgrund ihrer strukturellen Verwandtschaft zu Schmelzen allgemeines Interesse. Ihr Existenzbereich wird von demjenigen der unterkühlten Schmelze durch die Glastransformation getrennt, die Eigenschaften einer Phasentransformation zweiter Ordnung aufweist, welche jedoch durch die Kinetik der Gleichgewichtseinstellung überprägt wird. Thermodynamisch gesehen befindet sich das Glas nicht mehr im strukturellen Gleichgewicht. Die Entfernung vom Gleichgewicht ergibt sich aus dem Abstand zu einer idealen unterkühlten Schmelze, d. h. einer Schmelze, die genügend Zeit hatte, um völlig zu relaxieren. Transporteigenschaften (Viskosität, Diffusivität, Wärmekapazität) zeigen drastische Änderungen bei der Temperatur der Glastransformation.

Ziel der Untersuchungen war, die Temperatur- und Druckgeschichte natürlicher Gläser im Glastransformationsbereich zu ermitteln, das heißt der Frage nachzugehen, ob in Gläsern Information darüber gespeichert sein kann, wie rasch sie z. B. den Glastransformationsbereich durchschritten haben. Daher befaßten sich die meisten Experimente mit der systematischen Untersuchung von Relaxationsvorgängen.

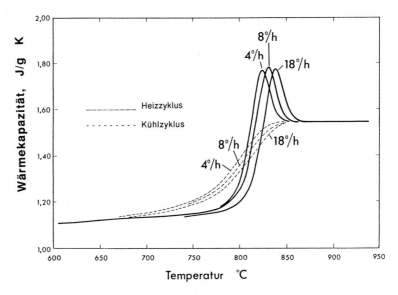

Abb. 5: Verschiebung der Glastransformation bei dynamischen Messungen der spezifischen Wärme C_p in Abhängigkeit von der thermischen Vorgeschichte. Am Beispiel eines Glases der Zusammensetzung von Anorthit ($CaAl_2Si_2O_8$) läßt sich die Verschiebung der Glastransformation, hier das Maximum des C_p-Signals, für verschiedene Kühlraten gut erkennen. Es gilt die Regel, daß T_g mit abnehmender Kühlrate zu tieferen Temperaturen verschoben wird. Stimmen Kühl- und Heizrate wie im gezeigten Beispiel überein, dann verschiebt sich die Glastransformation um ca. 20 K pro Größenordnung der Kühlrate.

20

Strukturelle Relaxation und Wärmekapazität: Die strukturelle Relaxation von Gläsern läßt sich durch Messung der spezifischen Wärme C_p im Glastransformationsintervall sehr genau in Abhängigkeit von der Kühl- und Heizrate bestimmen (Abb. 5) und mit einer empirischen Relaxationsfunktion beschreiben (Narayanaswamy 1971). Die darin enthaltenen kinetischen Parameter (Aktivierungsenthalpie h*, Präexponent A, $0 < x < 1$ und $0 < \beta < 1$) besitzen zwar keine direkte physikalische Entsprechung, lassen aber doch Vergleiche mit der Aktivierungsenergie für viskoses Fließen herstellen. Sie erlauben es, die strukturelle Relaxation quantitativ für beliebige Temperatur-Zeit-Intervalle zu beschreiben.

Die kinetischen Parameter von Gläsern im System Anorthit (An)-Albit (Ab)-Diopsid (Di) zeigen eine ausgeprägte Abhängigkeit von der Zusammensetzung, insbesondere im System An-Di, mit bis zu 50% Abweichung in h* von einem linearen Verlauf. Diese Absenkung von h* läßt sich als ein Austausch zwischen Netzwerkbildnern (Al_2O_3) und Netzwerkwandlern (MgO) der beiden Endglieder verstehen (Flood und Knapp 1968), bei dem die Zahl der nichtbrückenbildenden Sauerstoffe bei mittleren Zusammensetzungen ein Maximum erreicht. Ähnliches gilt für das System Di-Ab, während das Plagioklassystem Ab-An keine derartige Abhängigkeit aufweist.

Durch Anpassung eines Polynoms an die kinetischen Parameter der Randsysteme ließ sich auch das Verhalten ternärer Zusammensetzungen erfolgreich vorhersagen, so daß die strukturelle Relaxation im gesamten System berechnet werden kann.

Der Druck spielt eine wichtige Rolle bei der Anwendung der strukturellen Relaxation auf natürliche Proben, insbesondere dann, wenn verdichtete Gläser bei einer Atmosphäre untersucht werden. Zur Klärung dieser Frage muß zunächst die Druckabhängigkeit der Glastransformation bekannt sein, die hier mit Hilfe einer Hochdruck-Differential-Thermoanalyse-Apparatur (DTA) bestimmt wurde.

Es ergaben sich Druckabhängigkeiten von $3{,}7 \pm 0{,}5$ K/kbar für Diopsid- und $0{,}0 \pm 0{,}5$ K/kbar für Anorthitglas, während der Wärmeeffekt für Albitglas für die Messung zu gering war. Mit diesen Daten lassen sich für das System An-Di die Relaxationszeit und die spezifische Wärme in der Umgebung der Glastransformationstemperatur in Abhängigkeit vom Druck berechnen.

Relaxationsexperimente an *verdichteten Glasproben,* die bei 1 bar Druck im Kalorimeter durchgeführt wurden, zeigen bei Verdichtungsdrucken von 2 bzw. 4 kbar praktisch keine Verschiebung des Relaxationsmaximums gegenüber dem von unverdichteten Proben, aber eine Erhöhung des Relaxationssignals.

Da die Relaxationsfunktion für das Volumen infolge einer Druckänderung im allgemeinen nicht mit der Relaxationsfunktion der Enthalpie infolge einer

Temperaturänderung übereinstimmt (Moynihan und Gupta 1978), wurde versucht, H und V simultan unter Druck zu messen.

Erste Ergebnisse zeigen für Diopsid (Di)- und Albit (Ab)-Schmelzen, die jeweils unter Druck (2 kbar) durch die Glastransformation gekühlt wurden und dann anschließend im Glaszustand auf einen niedrigeren Druck (500 bar) entspannt wurden, sehr unterschiedliches Verhalten: Für Di tritt in der Differential-Thermoanalyse (DTA) ein deutliches endothermes Signal auf, gleichzeitig mit einer Volumenrelaxation. Für Ab beginnt diese Relaxation ca. 100 K vor der Enthalpierelaxation, und der Einsatz der Volumenrelaxation ist bereits bei etwa 500 °C zu beobachten (T_g für Albit liegt bei etwa 750 °C). Trotz der Überlappung der beiden Relaxationsvorgänge und der Schwierigkeiten der quantitativen Interpretation waren diese Versuche aufschlußreich für die Interpretation des Relaxationsverhaltens natürlicher Gläser, in denen ebenfalls unerwartet niedrige Relaxationstemperaturen beobachtet wurden.

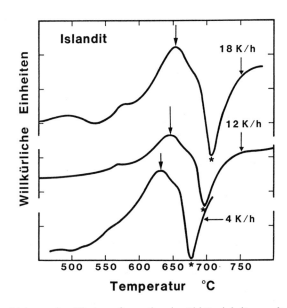

Abb. 6: Verschiebung der Glastransformation in Abhängigkeit von der Heizrate. Am Beispiel eines Obsidians aus Island (Islandit) läßt sich die Verschiebung der Glastransformationstemperatur T_g (durch Pfeil gekennzeichnet) eines natürlichen Glases für verschiedene Heizraten verfolgen. Derartige Messungen erlauben eine modellmäßige Abschätzung der Kühlrate des Glases im Glastransformationsintervall. Das bei höheren Temperaturen erkennbare, sehr ausgeprägte endotherme Signal (durch * gekennzeichnet) ist auf Keimbildung und Kristallwachstum zurückzuführen.

Untersuchungen an *natürlichen Gläsern* wurden insbesondere an basaltischen und rhyolitischen Gläsern (Obsidianen) durchgeführt. So konnte bei einem „mid-ocean-ridge basalt" (MORB)-Glas, das beim Heizen eine gut erkennbare endotherme Relaxation zeigt, nach der Bestimmung der kinetischen Parameter die Kühlrate im natürlichen Prozeß mit 3 K/h abgeschätzt werden. Aufgrund der Erfahrungen mit dem synthetischen Diopsid-Glas konnte dabei der Druckeffekt vernachlässigt werden.

Ein Rhyolitglas zeigte dagegen ein völlig anderes Verhalten (vgl. Abb. 6): Beim ersten Heizen tritt ein starkes Relaxationssignal auf, bei folgenden Heiz/Kühlzyklen dagegen nur noch ein schwaches Signal, verschoben zu höheren Temperaturen. Dies ist nur über eine negative Druckabhängigkeit der Glastransformationstemperatur zu erklären. Die Einbeziehung der Verdichtung erweist sich damit als Schlüssel zu einer Interpretation natürlicher Gläser.

Mit diesen Untersuchungen ist nachgewiesen, daß Gläser als sehr empfindliches Barometer und Indikatoren der Abkühlungsgeschwindigkeit dienen können, auch wenn bisher eine Reihe von Einflußfaktoren − wie z. B. gelöste fluide Species − noch nicht quantitativ erfaßt werden können.

3.1.10 Volumenrelaxation verdichteter SiO₂-Gläser (Friedrich Seifert)

SiO_2-Glas läßt sich durch Kompression bei Temperaturen unterhalb der Glasübergangstemperatur bleibend verdichten, d. h., es kehrt bei rascher Druck- und Temperaturentlastung nicht mehr in die Dichte des Ausgangsmaterials (2,20 gcm⁻³) zurück. Die maximale bleibende Verdichtung, z. B. bei 900 °C, 20 kbar, erreicht ca. 2,36 gcm⁻³. Durch Temperungsexperimente mit derartigen verdichteten Gläsern bei 1 bar und Temperatur knapp unterhalb der Glasübergangstemperatur läßt sich verfolgen, wie rasch ein derartiges Glas wieder in den bei 1 bar stabileren Zustand mit einer Dichte von 2,20 gcm⁻³ zurückkehrt. Damit lassen sich Daten zur Relaxation von Gläsern gewinnen, die auf anderem Wege mit dynamischen Methoden wie z. B. Differential-Thermoanalyse (DTA), magnetische Kernresonanz (NMR), Viskositätsmessungen etc. wegen der langen Zeiträume nicht bestimmbar sind (vgl. Dingwell und Webb 1989).

Es wurden Relaxationsexperimente an einem bei 20 kbar, 900 °C auf 2,36 gcm⁻³ verdichteten SiO_2-Glas bei 1 bar, 700 und 800 °C durchgeführt und die Zeitkonstanten des Relaxationsprozesses bestimmt (Abb. 7). Die isothermen Daten können an die empirische Beziehung

$$\xi = \exp -(t/\tau)^\beta$$

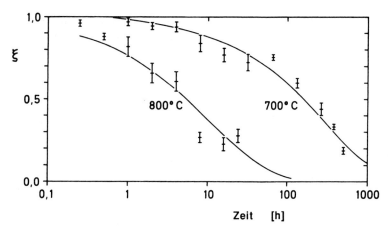

Abb. 7: Dichterelaxation ξ eines verdichteten SiO_2-Glases bei 1 bar in Abhängigkeit von Temperatur und Zeit, angepaßt an Funktionen des Typs $\xi = \exp -(\tau/t)^\beta$, mit $\tau = 286$ h, $\beta = 0{,}62$ (700 °C) bzw. $\tau = 10{,}4$ h, $\beta = 0{,}56$ (800 °C). Nach Höfler und Seifert (1984).

angepaßt werden, in der ξ den Bruchteil der Relaxation aus dem verdichteten in den unverdichteten Zustand darstellt, t die Versuchszeit, τ die Relaxationszeitkonstante und β einen kritischen Exponenten.

Aus den beiden Datensätzen bei unterschiedlichen Temperaturen ergab sich eine Aktivierungsenergie des Prozesses von 69 kcal mol^{-1} und ein τ bei 700 °C von 286 h.

Diese Daten lassen sich — neben ihrer Aussage zur Dynamik des Übergangs zwischen unterkühlter Schmelze und Glas — auch dazu verwenden, um die Erhaltungsbedingungen natürlicher diaplektischer, d. h. durch Schock verdichteter, Gläser abzuschätzen, insbesondere Randwerte für einen der Parameter Ablagerungstemperatur des diaplektischen Glases, Abkühlungsgeschwindigkeit oder Dicke der Lage aus diaplektischem Glas.

Weitere Daten und Anwendungsbeispiele zu homogenen Reaktionen finden sich in den Abschnitten 3.4.3 (Feldspäte) und 3.4.6 (Cordierit).

3.2 Nukleation und Wachstum

Die Kinetik heterogener Reaktionen wird häufig durch den Nukleations- und Wachstumsprozeß als den geschwindigkeitsbestimmenden Schritt bestimmt. Die Untersuchung dieses Vorgangs in geowissenschaftlich relevanten Systemen und unter den Bedingungen der Gesteinsbildung ist daher Voraussetzung für das Verständnis komplexerer Reaktionsabläufe und die Interpretation von Texturen.

3.2.1 Stabilität und Struktur von Phasengrenzen bei Festkörperreaktionen (Hermann Schmalzried)

Dieses Projekt verfolgte insbesondere die folgenden Ziele:

- Es sollten an ausgewählten Festkörperreaktionen Beispiele für die Ausbildung nichtebener Phasengrenzen bei während heterogener Festkörperreaktion bereitgestellt werden, wenn zu Beginn der Reaktion die Reaktanden durch ebene Phasengrenzen begrenzt waren. Es wird eine Systematik der Versuchsbedingungen angestrebt, die die verschiedenen Gründe für morphologische Instabilität erkennen lassen.
- Die Struktur der nichtebenen Phasengrenzen sollte auf mikroskopischer und submikroskopischer Ebene aufgeklärt werden.
- Es sollten theoretische Überlegungen angestellt werden, um die beobachteten morphologischen Instabilitäten möglichst quantitativ zu deuten.

Jede heterogene Reaktion ist begleitet von der Bewegung von und in Phasengrenzen. In allerjüngster Zeit ist die Frage nach dem Charakter der Phasengrenzreaktion und den zugehörigen treibenden Kräften besonders im Zusammenhang mit der Amorphisierung kristalliner Phasen durch Festkörperreaktionen ganz neu gestellt worden. Das Verständnis dieser Dinge und besonders das Verständnis der Formulierung der Phasengrenzreaktionsgeschwindigkeit als Folge von Beweglichkeit und treibender Kraft ist nicht vorhanden. Daher sollten in diesem Projekt zum Teilaspekt der morphologischen Stabilität sowohl experimentelle Daten als auch theoretische Überlegungen bereitgestellt werden.

Während für das große Gebiet der topotaktischen Festkörperreaktionen in seiner Mannigfaltigkeit bislang kein wirklich systematischer Lösungsansatz vorhanden ist, wurden hier die morphologischen Phänomene studiert in Kristallen mit wenigstens einem identischen Untergitter und vernachlässigbarer Dimensionsänderung dieser Untergitter bei der Umwandlung. Sie werden aufgrund der thermodynamischen Triebkräfte vom Transport der Komponenten in diesem festen Untergitter verursacht.

Die Schlüsselarbeit zu diesem Komplex ist die von Backhaus-Ricoult und Schmalzried (1985). Sie gibt in einem Dreistoffsystem die Bedingungen morphologischer Instabilität allgemein an, und sie bringt für das Oxidsystem Fe_3O_4-Mn_3O_4-Cr_2O_3 experimentelle Belege bei.

Von dieser Arbeit zur theoretischen Beschreibung innerer Reaktionen ist nur noch ein kleiner Schritt. Er wurde für nichtmetallische Systeme theoretisch und praktisch in einer ganzen Anzahl von Arbeiten durchgeführt (Schmalzried 1983, 1984; Ostyn et al. 1984).

Zuletzt sei auch auf die elektronenmikroskopischen Untersuchungen zur Struktur der Phasengrenzen hingewiesen, die zeigen, daß im allgemeinen die atomistische Phasengrenzstruktur von der Geschwindigkeit abhängen wird (Carter und Schmalzried 1985). Es werden solche quasistationären Phasengrenzstrukturen ausgebildet, die bei gegebener Triebkraft eine maximale Geschwindigkeit für die notwendigen atomaren Umlagerungsschritte gewährleisten.

3.2.2 Na,K-Entmischung in Feldspäten (Horst Pentinghaus, Herbert Kroll)

Minerale entmischen über einen Keimbildungsmechanismus oder über spinodalen Zerfall. Es ist jedoch häufig schwierig, beide Mechanismen experimentell in ein und demselben Oxidsystem nachzuweisen. So kann man an Alkalifeldspäten im Labor zwar den spinodalen Zerfall studieren, die Na,K-Interdiffusionskinetik ist aber zu langsam, um Keimbildung zuzulassen.

Diese experimentellen Grenzen im System natürlicher Alkalifeldspäte lassen sich überwinden, wenn man Si (teilweise) durch Ge substituiert. Dadurch wird die Soliduskurve gesenkt und der kohärente und inkohärente Solvus werden angehoben.

Die Ergebnisse im System mit dem höchsten untersuchten Ge-Gehalt − $(Na,K)(AlGe_{2.1}Si_{0.9}O_8)$ vgl. Abbildung 8 − zeigen: Entmischung erfolgt sowohl unter der kohärenten Spinode − wie dies auch in Experimenten an $AlSi_3$-Feldspäten beobachtet wird − als auch zwischen kohärenter Spinode und kohärentem Solvus sowie zwischen kohärentem Solvus und strain-freiem Solvus − dies ist in Experimenten an $AlSi_3$-Feldspäten nicht zu erreichen. Die im Transmissions-Elektronen-Mikroskop (TEM) und Lichtmikroskop beobachteten Lamellenbreiten liegen zwischen ca. 100 Å und einigen µm und sind damit etwa um den Faktor 20 breiter als unter gleichen Bedingungen in $AlSi_3$-Feldspäten erzielbar.

Anhand der Anzahl der beobachteten (-201)-Beugungslinien für neugebildete Entmischungsphasen lassen sich in Röntgen-Pulveraufnahmen zwei Arten der Entmischung unterscheiden und diesen lichtmikroskopisch zwei Gefüge-

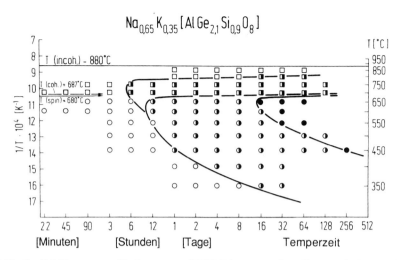

$$Na_{0,65} K_{0,35} [Al Ge_{2,1} Si_{0,9} O_8]$$

Abb. 8: Zeit-Temperatur-Umformungs (ZTU)-Diagramm für die Entmischung eines Alkali-Feldspats der Zusammensetzung $Na_{0,65}K_{0,35}(AlGe_{2,1}Si_{0,9}O_8)$. Symbole: Halbvolle Quadrate: Entmischung unter dem inkohärenten Solvus erzeugt weitständige isolierte Entmischungskörper; halbvolle Kreise: Entmischung unter der kohärenten Spinode erzeugt feinlamellare, engständige Gefüge; volle Kreise: Lamellenvergröberung hat die gesamte Probe erfaßt (Beobachtungsmethode: Röntgen-Pulveraufnahmen); offene Quadrate: keine Entmischung. Bei dieser Zusammensetzung sind kohärenter Solvus und Spinode zu wenig getrennt, um Entmischung unter dem kohärenten Solvus zu beobachten.

typen zuweisen: (a) zweiphasige Entmischung mit schmalen, engständigen Lamellen, die nur in Proben im inneren Bereich des Solvus auftreten und einem spinodalen Entmischungsmechanismus zugeordnet werden, (b) einphasige Entmischung mit kurzen, weitständigen, linsenförmigen Lamellen, die auf Keimbildung und Wachstum zurückgeführt werden.

Die Grenzkurve zwischen zweiphasiger und einphasiger Entmischung wird als kohärente Spinode interpretiert: Ihre Lage ist zentral, das Gefügebild wechselt an dieser Grenze, die Entmischungsprodukte sind kohärent verwachsen und die Berechnung des kohärenten Solvus aus dieser Grenzkurve führt zu einer Binode, die innerhalb des inkohärenten Solvus liegt und ihrerseits eine Grenzkurve für kohärente Entmischung darstellt. Der so berechnete kohärente Solvus besitzt eine kritische Temperatur von 690 °C und eine kritische Zusammensetzung von 32 Mol% K-Feldspat.

Einphasige Entmischung durch Keimbildung und Wachstum kann sowohl zwischen inkohärentem und kohärentem Solvus als auch zwischen kohärentem Solvus und kohärenter Spinode erzeugt werden. In Abhängigkeit von der Ausgangszusammensetzung entstehen entweder Na- oder K-reiche Lamellen in der homogenen Matrix, d. h., es läßt sich sowohl perthitische als auch antiperthitische Entmischung erzeugen.

Direkte Temperung der Proben auf der Precession-Kamera und Beobachtungen mit dem TEM geben Aufschluß über verschiedene Stadien des Entmischungsprozesses. Die Kinetik der Entmischung läßt sich mit ZTU-Diagrammen darstellen, aus denen die Aktivierungsenergie für die Na,K-Interdiffusion berechnet werden kann Für die untersuchten Systeme wurden folgende Ergebnisse vermerkt:

System	Aktivierungsenergie	Literatur
$(Na,K)[AlGe_{2.1}Si_{0.9}O_8)$	5 ± 10 kcal/mol	diese Arbeit
$(Na,K)[AlGe_{1.5}Si_{1.5}O_8]$	47 ± 10 kcal/mol	diese Arbeit
$(Na,K)[AlGe_{1.0}Si_{2.0}O_8]$	67 ± 10 Kcal/mol	diese Arbeit
$(Na,K)[AlSi_3O_8]$	80 ± 10 kcal/mol	diese Arbeit
$(Na,K)[AlSi_3O_8]$	71 ± 75 kcal/mol	Yund (1984)
$(Na,K)[AlSi_3O_8]$	55 ± 10 kcal/mol	Owen, McConnel (1974)

Durch die Ge-Substitution wird die Aktivierungsenergie erheblich gesenkt. Ihr Einfluß auf die Entmischungskinetik zeigt sich bei der einphasigen Entmischung zwischen strain-freiem Solvus und kohärentem Solvus besonders deutlich. Das Einsetzen der Entmischung verzögert sich, ausgehend von Ge-reichen Zusammensetzungen, mit Zunahme des Si-Gehalts drastisch. Daraus wird verständlich, daß in $(Na,K)[AlSi_3O_8]$-Feldspäten keimbildungsgesteuerte Entmischung im Labor nicht erzeugt werden kann und es in der Natur selbst bei langsamer Abkühlung unter Umständen erst unterhalb der kohärenten Spinode zur Entmischung kommt.

Die Ge-substituierten Systeme haben sich als ausgesprochen nützliche Modellsysteme erwiesen. Sie erlauben, in jedem Bereich unterhalb des Solvus Entmischung zu erzeugen, wodurch spinodaler Mechanismus einerseits und Keimbildung und Wachstum andererseits eindeutig kontrastiert werden können. Die Zuordnung von Gefüge und Mechanismus war klar zu treffen.

3.2.3 Modellrechnungen zur Kinetik der magmatischen Kristallisation (Tilmann Spohn) *

Es wurde in diesem Projekt der Versuch unternommen, für mehrkomponentige Schmelzen den Zusammenhang zwischen Korngrößenverteilung, Kristallisationsgeschichte und thermischer Geschichte herzustellen und diese Charakteristika für die Kristallisation von Magmen in dünnen Gängen zu berechnen. In einem ersten Teilprojekt (Spohn et al. 1988) wurde hauptsächlich die Liquidusphase einer zweikomponentigen Modellschmelze betrachtet. Als wesentliche Unterschiede zwischen einer mehr- und einkomponentigen Schmelze wurden die Konzentrationsabhängigkeiten des Liquidus und der kinetischen Parameter angesehen. Vergleichsrechnungen ergaben bedeutende Unterschiede in der Textur von kristallisierten ein- und zweikomponentigen Schmelzen, aber vernachlässigbar geringe Unterschiede in der Textur von zwei- und dreikomponentigen Schmelzen.

Die berechneten Korngrößenverteilungen und Kristallisationszeiten der Intrusion werden bestimmt von den miteinander konkurrierenden Raten der Kristallisation und des Wärmetransports, von den Keimbildungs- und Wachstumsratenfunktionen und von der Temperatur des Nachbargesteins. Wesentlich für die sich ergebende Textur der Intrusion war der Unterschied zwischen der initialen Unterkühlung der Schmelze und der Unterkühlung, an der die Nukleationsrate der Schmelze ihr Maximum erreicht. Die initiale Unterkühlung nahm mit dem Abstand vom Salband, mit wachsender Kristallisationsrate und mit wachsender Randtemperatur ab. Die Korngrößen sind mäßig sortiert und bi- oder trimodal verteilt bei initialen Unterkühlungen, die die Unterkühlung des Maximums der Keimbildungsrate unterschritten. Die Güte der Sortierung nimmt mit abnehmender initialer Unterkühlung zu. Wenn die initiale Unterkühlung geringer als die Unterkühlung des Maximums der Keimbildungsratenfunktion ist, so wird die Korngrößenverteilung unimodal. Diese unimodalen Verteilungen weisen typischerweise eine positive Schiefe, aber negativen Exzeß auf. Wenn Verunreinigungen und Kristallembryonen signifikant zur heterogenen Keimbildung beitragen, so wird die Schiefe der Verteilungen stark negativ.

Das Modell kann zur Abschätzung kinetischer Parameter aus beobachteten Texturen natürlicher Intrusionen verwendet werden. Die Keimbildungs- und Wachstumsraten für Plagioklase, die auf diese Weise aus den gemessenen Korngrößenverteilungen dreier Gang-Intrusionen bestimmt wurden, sind in sich konsistent und stimmen mit Labordaten in befriedigender Weise überein.

---

* Das durch die DFG in den Jahren 1982–1984 angeförderte Projekt wurde nach 1984 mit Mitteln des Landes Nordrhein-Westfalen fortgeführt.

29

In einem zweiten Teilprojekt (Hort und Spohn 1990 a) wurde die Kristallisation der Liquidus- und der Solidusphase in der Umgebung des Eutektikums untersucht. Ausgehend von der Überlegung, daß das Verhältnis von innerer Oberfläche zu Volumen in einem Intrusionskörper während der Kristallisation bedingt durch die gebildeten Kornoberflächen zunimmt, wurde die Begünstigung der Keimbildung auf schon vorhandenen Kornoberflächen und die Behinderung des Wachstums eines Mutterkorns durch aufgewachsene Tochterkörner der anderen Phase berücksichtigt. Das Modell basiert auf geometrischen Überlegungen und auf einer Bilanz der Oberflächenenergien bei der Bildung eines Tochterkeims.

Zunächst konnte gezeigt werden, daß eine Reduktion der Oberflächenenergie mit einer Verringerung der Unterkühlung des Maximums der Keimbildungsratenfunktion einhergeht. Die Ergebnisse der Modellrechnungen zeigten, daß die Korngrößenverteilung der Liquidusphase eine weitere Mode, zusätzlich zu den oben genannten Moden, aufweist, die durch die eben beschriebene heterokatalytische Keimbildung erzeugt wurde. Die zuerst entstandenen, relativ großen Körner der Liquidusphase werden eingebettet in eine feinkörnige Grundmasse, bestehend aus kristallisierter Liquidus- und Solidusphase.

Der Verglasungsgrad in den Randbereichen eines Ganges konnte durch heterokatalytische Keimbildung stark vermindert werden. Die Kristallisationszeiten des gesamten Ganges waren allerdings meist nahezu unabhängig vom Maß der heterokatalytischen Keimbildung. Sie hängen in erster Näherung von der insgesamt abzuführenden Wärmemenge ab. Eine Variation der Ausgangszusammensetzung der Schmelze, unter Beibehaltung der Differenz zwischen Liquidustemperatur entsprechend der Anfangszusammensetzung der Schmelze und der Randtemperatur, ergab, daß der Kristallisationsgrad nahe dem Salband mit zunehmendem Unterschied zwischen der eutektischen Zusammensetzung und der Anfangszusammensetzung der Schmelze anstieg. Dies ist ein wichtiges Ergebnis, da es den einfachen Schluß von einem hohen Verglasungsgrad auf hohe Temperaturdifferenzen zwischen Magma und Nebengestein relativiert.

Eine weitere Untersuchung galt dem Kristallisationspfad eines Probenvolumens der Schmelze in der Temperatur-Konzentrations-Ebene bei einer vorgegebenen Abkühlrate. Die Topologie des Kristallisationspfades ändert sich mit der Abkühlrate, wobei sich eine kritische Abkühlrate ergibt: Für subkritische Abkühlraten beschreibt der Kristallisationspfad Schleifen unterhalb des Solidus in der Nähe des Eutektikums, die zum Eutektikum hinführen. Für superkritische Abkühlraten verläuft der Kristallisationspfad dagegen entlang der metastabilen Verlängerung des Liquidus der Liquidusphase. Der kritischen Abkühlrate entspricht ein Minimum der Kristallisationszeit. Subkritische Abkühlraten ergeben ein starkes Anwachsen der Kristallisationszeit, während superkritische Abkühlraten zu einer teilweisen Verglasung des Probenvolumens führen.

3.2.4 Kinetik der Erstarrung magmatischer Gänge und Sills: Korrelation mit dem mikroskopischen und submikroskopischen Gefüge (Wolfgang F. Müller, Gerhard Voll)

Ziel der Arbeiten war es, zum Verständnis der Bildung und Entwicklung tholeiitischer-basaltischer Gesteine durch Untersuchung zeit- und temperaturabhängiger Prozesse beizutragen. Hierzu wurde das mikroskopische und submikroskopische Gefüge von tertiären Gängen auf Ardnamurchan, Schottland, mit den Breiten von 0,116 m, 1,45 m und 2,08 m und Profile des karbonischen Whin Sill, Nordengland, mit Mächtigkeiten von 2,35 m, 15,5 m, 38,57 m und 59,2 m untersucht. Methodisch umfaßten die Arbeiten Probenahme, Berechnung der Abkühlungsgeschwindigkeiten, Messungen der Korngrößen der Plagioklase, Klinopyroxene und Fe-Ti-Oxide, Transmissionselektronenmikroskopie (TEM) der Klinopyroxene und Plagioklase, ein Experiment zur Abkühlung einer basaltischen Schmelze, chemische Analysen der Gesteine und Röntgen-Mikroanalysen der Pyroxene und Plagioklase. Die aus eindimensionalen Wärmeflußberechnungen nach Carslaw und Jaeger (1959) gewonnenen ortsabhängigen Zeit-Temperaturprofile für die verschiedenen Gang- und Sill-Mächtigkeiten ergeben auch bei kritischer Beurteilung eine brauchbare Abschätzung der Abkühlungsgeschichte der Gesteine und erlauben eine Einordnung der gemessenen Korngrößen und Entmischungsgefüge der Klinopyroxene, für die letzteren auch die Aufstellung eines Zeit-Temperatur-Umwandlungsdiagramms (Abb. 9)

Mikroskopische Messungen an Klinopyroxenen, Plagioklasen und Fe-Ti-Oxiden zeigen eine Zunahme des Korndurchmessers mit wachsendem Abstand vom Rand. So besteht bei den Fe-Ti-Oxiden in den Gängen mit einer Breite von 2,08 m und 1,45 m eine Volumenzunahme um den Faktor 1000 auf einer Distanz vom Rand von 0,17 bzw. 0,14 m. Die Korngrößenveränderungen im Whin Sill, an dem die Variation der Korngröße bei den Mächtigkeiten 15,5 und 59,2 m gemessen wurde, sind nicht derart ausgeprägt. Hier werden nach einem Viertel der Gesamt-Sillmächtigkeit die Endkorngrößen erreicht. Aus den ortsabhängigen Zeit-Temperatur-Profilen lassen sich die mittleren Abkühlungsgeschwindigkeiten für den Kristallisationsbereich 1200 bis 980 °C entnehmen. Sie liegen zwischen 220 °C/min (Rand des 2,08 m-Ganges) und $8,7 \cdot 10^{-4}$ °C/h (Mitte des Whin Sills mit 59,2 m Mächtigkeit). Mit den gemessenen Korngrößen x können die Abkühlgeschwindigkeiten dT/dt gemäß $x = b\,(dT/dt)^n$ korreliert werden. Dabei sind die Resultate für die Gänge von Ardnamurchan untereinander vergleichbar, die beiden Ergebnisse vom Whin Sill weichen ab. Eine mögliche Erklärung ist der erheblich langsamere Abkühlungsprozeß bei den Whin-Sill-Profilen; hier wird die Wachstumsgeschwindigkeit der Kristalle nicht mehr überwiegend durch Diffusion gesteuert.

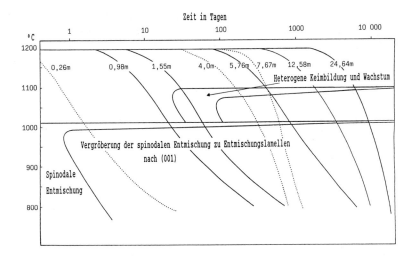

Abb. 9: Zeit-Temperatur-Umwandlungs-Diagramm für Entmischungserscheinungen in Klinopyroxenen mit Ca-reichem Pauschalchemismus. Die Abkühlungskurven (berechnet von J. Töpel) mit den durchgehenden Linien gelten für Positionen der Lokalität Settlingstone; die Mächtigkeit des Whin Sill beträgt dort 59,2 m; die Abstände vom Rand sind angegeben. Die gepunkteten Abkühlungskurven gelten für die Lokalität High Nick Cup; die Mächtigkeit des Whin Sill beträgt dort 15,50 m; die Abstände vom Rand sind angegeben.

Die TEM-Untersuchungen konzentrierten sich auf die Klinopyroxene, deren lamellare Entmischungen nach (001) und (100) in Ca-armen Pigeonit und Ca-reichen Augit temperatur- und zeitabhängig sind und daher für die Zielsetzung des Projekts besonders geeignet sind. Es gelang, an Hand eines Profils durch den an dieser Stelle 59,2 m mächtigen Whin Sill, mehrere charakteristische Entmischungsgefügetypen in den Klinopyroxenen zu unterscheiden. Diese Entmischungsgefügetypen ordnen sich in eine Abfolge vom Rand zum Zentrum des Sills, also in eine Reihenfolge abnehmender Abkühlungsgeschwindigkeit. Der Vergleich von Proben verschiedener Lokalitäten ergab eine zufriedenstellende Korrelation zwischen mittlerer Abkühlungsgeschwindigkeit und Entmischungsgefügetyp. Die Beobachtungen an den Klinopyroxenen in der nur 2,35 m mächtigen Partie des Whin Sills schließen sich gut an die Ergebnisse an den Gängen von Ardnamurchan an. In der folgenden Einteilung ist die mittlere Abkühlungsgeschwindigkeit dT/dt (stets in °C/h) für den Bereich 1100 bis 800 °C dem Gefügetyp zugeordnet, wobei auch der wahrscheinliche Entmischungsmechanismus, nämlich spinodale Entmischung (SpE) oder heterogene Keimbildung (HetK), aufgeführt wird. Die Angaben beziehen sich auf augitische Klinopyroxene mit Ca-reichem Pauschalchemismus, die Pigeonit entmischen. Die Zahlenwerte der Abkühlungsgeschwindigkeiten sind als Abschätzung der Größenordnung zu verstehen, da das Einsetzen der Entmischung empfindlich vom Pauschalchemismus der Klinopyroxene abhängt:

- bis $dT/dt > 3,5 \cdot 10^2$: nicht-periodische Fluktuationen
- $3,5 \cdot 10^2 > dT/dt > 55$: Modulationen nach (001) und (100) (SpE)
- $dT/dt < 55$: Vergröberung der Modulationen zu kohärenten Pigeonit-Lamellen nach (001) mit Breiten von 5 bis 15 nm
- $< 2 \cdot 10^{-2}$: Pigeonit-Lamellen nach (001) mit Breiten um 30 nm (HetK)
- $< 5 \cdot 10^{-3}$: zwei Generationen mit Pigeonit-Lamellen nach (001); Generation I (HetK) 30 bis 60 nm breit, Abstand 0,3 bis 1 µm, dazwischen Generation II (vergröberte SpE) mit Breiten von 5 bis 15 nm.
- $< 2 \cdot 10^{-3}$: komplexe Entmischungsgefüge mit etwa gleichzeitiger Ausscheidung von Pigeonit-Lamellen nach (001) und (100) (HetK), 30 bis 60 nm bzw. 10 bis 50 nm breit, denen eine oder zwei Generationen von feineren Pigeonit-Lamellen nach (001) (vergröberte SpE) folgen.

Eine Synthese dieser Beobachtungen ist in Form eines Zeit-Temperatur-Umwandlungs-Diagramms in Abbildung 8 dargestellt.

Qualitativ konnte in bytownitischen Plagioklasen eine Zunahme der Größe von b-Antiphasendomänen mit abnehmender Abkühlungsgeschwindigkeit festgestellt werden. Allerdings ist der Einfluß des Chemismus und der damit zusammenhängenden Entmischungserscheinungen erheblich.

3.2.5 Umwandlungs- und Entmischungsvorgänge in synthetischen und natürlichen Pyroxenen (Hartmut Fueß, Lothar Schröpfer)

Bei Entmischungsprozessen, die zu kohärenten oder semikohärenten Produkten führen, wird diejenige Richtung der Lamellen begünstigt, die zu einer minimalen Verspannung zwischen Wirtskristall und Gast führt. Infolge der unterschiedlichen thermischen Ausdehnung von Wirt und Gast ist die Orientierung der Lamellen temperaturabhängig, und die „eingefrorene" Orientierungsbeziehung im natürlichen Material dann auch letztlich ein Indiz für die Abkühlungsgeschwindigkeit. Es wurden daher vergleichende Untersuchungen an natürlichen und synthetischen Pyroxenen, insbesondere Klinopyroxenen, zum thermischen Verhalten der Mischphasen mit Hilfe von Röntgenbeugung unter in situ-Bedingungen sowie Elektronenmikroskopie durchgeführt. Die Pyroxene entmischen meist lamellar, mit streng zueinander orientierten Gittern. Die morphologische Orientierung der Lamellen kann aber, je nach Temperaturgeschichte, deutlich von der kristallographischen abweichen.

Kennzeichnend für Entmischungen in schnell abgekühlten Klinopyroxenen, seien sie lunar, synthetisch oder vulkanisch, ist die Anpassung einer der Gitterkonstanten a oder c des Gastes an den Wirt und die geringe morphologische Abweichung der Entmischungs-Lamellen von der (001)- bzw. (100)-Ebene. In den plutonischen Klinopyroxenen wie in den Ballachulish-Proben (s. Abschnitt 3.4) wurden dagegen deutliche Differenzen in den Gitterkonstanten und eine deutliche Abweichung der Orientierung der Lamellen (bis zu 12°) von der (001)- bzw. (100)-Ebene beobachtet, während die Pyroxene des Whin Sills (vgl. Abschnitt 3.2.4) eine Zwischenstellung einnehmen.

Mit Hilfe der Gitterparameter von Wirt und Gast können die Lagen der optimalen (d. h. verspannungsärmsten) Phasengrenzen als Funktion der Temperatur berechnet werden (Robinson et al. 1977), und durch Vergleich mit den beobachteten Lamellenlagen lassen sich Entmischungstemperaturen bestimmen. Dabei ist die Veränderung des Chemismus mit fallender Temperatur einzubeziehen. So konnten für die Entmischung der Klinopyroxene in der Ballachulish Monzodiorit-Normalfacies Temperaturen von 1000 ± 30 °C und 920 ± 50 °C für Pigeonit // (100) (zwei Generationen) und 935 ± 30 °C für Pigeonit // (001) gefunden werden.

Obwohl die Ballachulish-Monzodiorite langsam abkühlten (in der randlichen Facies ca. 4–0,8 °C/a, in der Normalfacies ca. 0,02–0,03 °C/a), sind die Augite nicht äquilibriert; die meisten sind „3-Pyroxen-Körner", bestehend aus Augit, Pigeonit und Orthopyroxen. Die Verteilung der Lamellen ist unregelmäßig, was für heterogene Keimbildung spricht, die bereits bei geringer Übersättigung einsetzt.

Dagegen ist in synthetischen Klinopyroxenen die Abfolge der Lamellen ziemlich gleichmäßig, weil durch hohe Übersättigung und relativ große Abkühlungsgeschwindigkeiten (>4 °C/h) die Bereiche homogener Keimbildung und spinodaler Entmischung rasch erreicht werden. Diese Produkte weisen auf engstem Raum Bereiche mit groben Entmischungslamellen und feinsten spinodalen Modulationen auf, so daß von diesen Mikrostrukturen nicht einfach auf die Entstehungsgeschichte geschlossen werden kann.

Antiphasendomänen im Pigeonit, hervorgerufen durch die Phasenumwandlung von Hoch- in Tief-Pigeonit, zeigen zumindest in synthetischen Proben// (-201) oder//(-301) orientierte, ebene Grenzen. Diese können mit der Lage der Ebene minimaler thermischer Ausdehnung, d. h. der „steifsten" Ebene, erklärt werden, welche etwa bei (-301) bis (-201) liegt. Die Größe der Antiphasendomänen läßt sich wider Erwarten nicht mit der thermischen Geschichte korrelieren.

In den Ballachulish-Proben zeigen die entmischten Pigeonite überraschend keine Hoch-Tief-Umwandlung unterhalb 1150 °C. Berechnungen der Verzerrungsenergie ergeben große Werte, die als Ursache für die Existenz des Tiefpigeonits bei so hohen Temperaturen angesehen werden.

Spinodale Entmischung bei starker Ca-Übersättigung (Wo17En43Fs40) findet bei 920 °C bereits in wenigen Stunden (<20 h) statt, die Vergröberung erfolgt bereits nach ca. 48 h. Die Entmischung //(001) und //(100) geschieht nicht streng in der gewöhnlich angegebenen Reihenfolge (001)- vor (100)-Lamellen; es kann durchaus (100) vor (001) entmischen, oder beide Systeme können gleichzeitig auftreten, sowohl bei spinodalem als auch heterogenem Mechanismus. Die Erklärung liegt im temperaturabhängigen Wechselspiel zwischen Minimierung der Verspannungsenergie (begünstigt (100)) und der leichteren Diffusion von Ca-Atomen in der c-Richtung (begünstigt (001)).

In synthetischen Proben aus Ansätzen mit wenig Calcium (Wo5En80Fs15) treten sehr gestörte Pyroxen-Phasen auf, deren Beugungsdiagramme //(010) nicht durch periodische Gitter beschreibbar sind. Die diffusen Reflexmaxima zeigen im Wechsel kürzere und längere Abstände voneinander. Ähnliche Beugungsdiagramme werden von meteoritischen Pyroxenen berichtet. Die synthetischen Proben enthalten alle Übergänge von Pigeonit, gestörtem Pigeonit, stark gestörter Zwischenphase, gestörtem Orthopyroxen bis ungestörtem Orthopyroxen. In Netzebenabbildungen sieht man alle möglichen d_{001}-Abstände modulo 4,5 bis 31,5 Å. Heizexperimente ergeben, daß es sich um eine Phasenumwandlung von Pigeonit nach Orthopyroxen handelt, die als isothermal martensitisch einzustufen ist. Sie ist zeit-, aber nicht temperaturabhängig, abschreckbar und träge (Schröpfer 1988).

3.2.6 Bildungs- und Ausheilgeschwindigkeit von Kristallbaufehlern in synthetischen Mn-Mg-Amphibolen (Walter Maresch)

Der Realbau des Doppelketten-Silikats Amphibol kann unter bestimmten Bedingungen gravierend von der Idealstruktur abweichen. Die beobachteten Strukturdefekte lassen sich in zwei Gruppen einteilen: Es treten Variationen in der Zahl der einzelnen Tetraeder-Subketten auf, welche zu Ketteneinheiten bzw. Bändern polymerisiert werden, und in der räumlichen Anordnung oder Stapelung. Nach der Nomenklatur von Czank und Liebau (1980) handelt es sich dabei um Kettenmultiplizitäts- bzw. Kettenanordnungsfehler. Die Zahl der polymerisierten Subketten, d.h. die „Breite" einer Mehrfachkette, wird als Multiplizität „m" bezeichnet. Bei der Idealstruktur von Amphibol ist m = 2. In der Regel weichen synthetische Amphibole deutlicher von der Idealstruktur ab als chemisch vergleichbare natürliche. Der Realbau von Amphibolen muß ihre physikalisch-chemischen Eigenschaften beeinflussen. Sollen synthetische Amphibole als Modell für die natürlichen dienen, muß gewährleistet sein, daß auch der Realbau vergleichbar ist, bzw. es muß dessen Einfluß berücksichtigt werden. Das Ziel dieses Vorhabens war es, die Kinetik der Bildung und der Ausheilung von Amphibol-Kristallbaufehlern zu untersuchen, einerseits um den petrologischen Werdegang von natürlichen Vorkommen besser zu verstehen, andererseits um die Baufehlerhäufigkeit im Experiment gezielt beeinflussen bzw. vermindern zu können.

Amphibole der Mischkristallreihe $Mn_xMg_{7-x}(Si_8O_{22})OH)_2$, mit x = 0,3 bis 3,0, wurden hydrothermal synthetisiert. Röntgenographisch einphasige Produkte konnten aus Gel von x = 0,3 bis 2,3 hergestellt werden. Alle Produkte sind röntgenographisch und optisch orthorhombisch und vereinbar mit der Raumgruppe Pnma. Hierbei handelt es sich aber um eine Durchschnittsstruktur, denn im hochauflösenden Elektronenmikroskop (HRTEM) wird ein ausgeprägter Realbau mit zahlreichen Kettenanordnungsfehlern (CAFs) und Kettenmultiplizitätsfehlern (CMFs) deutlich. Einzelne Kristalle weisen stets heterogene Stapelabfolgen der Tetraederketten auf, aber orthorhombische Stapelschemata überwiegen von x = 0,3 bis 1,0, und monokline Stapelabfolgen bei x > 1. Die monoklinen Stapelbereiche sind nach (100) verzwillingt. Obwohl bestimmte, sich wiederholende Sequenzen von CMFs (010)-Lamellen aus eigenständigen Kettensilikatphasen darstellen, ist die Ausdehnung dieser Lamellen in der [010]-Richtung zu gering, um konstruktive Interferenz bei der Röntgenbeugung zu bewirken. CMFs mit m > 2 sind i. a. zahlreicher als solche mit m = 1. Dadurch wird die Durchschnittszusammensetzung des gestörten Amphibols SiO_2-reicher als die Idealzusammensetzung.

Die Bildung dieser Amphibole erfolgte stets über eine metastabile Zwischenstufe mit Talk und Olivin. Der Olivin und der im nächsten Schritt zuerst gebildete Amphibol sind stets sehr Mn-reich. Mit zunehmender Versuchsdauer verschiebt sich das divariante Dreiphasenfeld Talk + Amphibol + Olivin in Richtung des Mn-freien Randsystems. Sowohl die Verschiebungsrate als auch die Reaktionsgeschwindigkeit nehmen mit steigender Temperatur und höherem Mn-Gehalt zu. Direkte HRTEM-Beobachtung zeigt eine topotaktische Beziehung zwischen dem Kettensilikat Amphibol und dem Schichtsilikat Talk, wobei a′(Amph) = c′(Talk), b(Amph) = b(Talk) und c(Amph) = a(Talk). Die Reaktion wird durch das Aufbrechen der Tetraederschichten zu Tetraederketten vollzogen. Die Kinetik dieses Vorgangs läßt sich mit dem Formalismus einer Reaktion erster Ordnung beschreiben, mit einer Aktivierungsenergie von 436–471

36

kJ/mol. Dieser Wert zeigt, daß die Diffusionsgeschwindigkeit der Kationen nicht der geschwindigkeitsbestimmende Reaktionsschritt sein kann. Die Änderung des vorherrschenden Stapelschemas der Amphibole bei x = 1,0 tritt erst bei längerer Versuchsdauer von 500 bis mehreren tausend Stunden auf. Dieses Verhalten wird als eine zeitabhängige Umstrukturierung von zunächst monoklinen zu überwiegend orthorhombischen Stapelabfolgen gedeutet.

Zur Quantifizierung des Realbaus wurde ein A-Wert definiert, der das Verhältnis von Tetraederketten in der idealen Doppelkettenkonfiguration zur Gesamtzahl der vorhandenen Tetraederketten darstellt. Die Idealität der Amphibolstruktur nimmt mit steigender Versuchstemperatur zu, am deutlichsten in Mg-reichen Zusammensetzungen: Für die Pauschalzusammensetzung x = 0,9 steigt der A-Wert von 0,2 bis 0,3 bei 675 °C, 2 kbar auf 0,6 bis 0,7 bei 750 °C, 2 kbar. Bei gleichen experimentellen Bedingungen erhöht sich der A-Wert um ca. 0,25 für jedes durch Mn substituierte Mg. Bei gleichen experimentellen Bedingungen und bei gleicher Pauschalzusammensetzung ist als Funktion der Versuchsdauer keine signifikante Änderung der A-Werte feststellbar.

Es ist zu folgern, daß der Realbau im Experiment primär in der Wachstumsphase entscheidend beeinflußt werden kann. Der beim Wachstum erworbene Realbau ist durch Tempern kaum noch zu ändern. Auch die in der Natur auftretenden, stark gestörten Amphibole sind wahrscheinlich Zeugen eines Reaktionsablaufs, dessen Spuren als CMFs oder CAFs auch über geologische Zeiträume hinweg erhalten werden.

3.2.7 Mechanismus und Kinetik der Granatentmischung aus Pyroxenen in Ultramafititen (Georg Amthauer)

Es wurden Granatentmischungen in Pyroxen-Großkristallen aus einem Olivin-Websterit-Gang in einem Granat-Lherzolit-Körper in der Nähe der Seefeld-Alm südlich von St. Nikolaus (Ultental) untersucht. Dieser Lherzolit-Körper gehört zu einer Reihe von Ultramafititen in der Nähe der Insubrischen Linie, die in disthenführende, granulitische Gneise eingeschaltet sind und die wahrscheinlich als Bruchstücke des Oberen Mantels tektonisch in die Untere Kruste eingeschuppt wurden.

Polarisationsmikroskopische Untersuchungen zeigen, daß die Großkristalle aus orientiert verwachsenen Lamellen von Orthopyroxen, Klinopyroxen, Amphibol und Granat bestehen und vereinzelt Spinell-Körner enthalten. Die Granatlamellen sind //(100) des Orthopyroxens angeordnet.

Chemisch ist der Orthopyroxen ein Enstatit bis Bronzit, der Klinopyroxen ein Diopsid, der Granat ein Pyrop (ca. Py 65 Alm 20 Gross 15), der Amphibol ein

Pargasit und der Spinell ein Picotit. Die zur Granatbildung notwendigen Elemente Mg, Ca, Fe, Al und Si müssen aus dem „primären", noch nicht entmischten Pyroxen stammen. Die Bildung der pargasitischen Hornblende erfordert eine sekundäre Zufuhr von H_2O und Na.

Die Granatentmischung verläuft im ersten Stadium orientiert. Röntgenbeugungsuntersuchungen (Weissenberg- und Precession-Verfahren) von Pyroxen-Granat-Lamellenpaketen zeigen folgende Orientierungen der verschiedenen Phasen:

(100)opx // (110)ga   mit   [001]opx // [001] ga

(100)opx // (110)ga   mit   [001]opx // [-111]ga

(100)cpx // (110)ga   mit   [001]cpx // [001] ga

Elektronenbeugungsuntersuchungen des direkten Grenzbereichs Granat/Pyroxen bestätigen diese Orientierungen und ergaben zusätzlich eine andere mit

(100)opx // (1-12)ga   mit   [010]opx // [110] ga.

Die Abweichungen der Gitterparameter von Wirt- und Gastphasen (Misfit) in den beobachteten Orientierungen betragen ca. 10 % oder weniger und liegen damit im auch bei anderen orientierten Verwachsungen beobachteten Bereich. Aufnahmen mit einem hochauflösenden Transmissionselektronenmikroskop zeigen, daß dieser Misfit durch versetzungsartige Strukturen ausgeglichen wird. Netzebenen des Granats (z. B. (110)) lassen sich durch eine geneigte, ca. 50 Å breite, gestörte Übergangszone in den Pyroxen hinein verfolgen, wo sie als Netzebenen des Pyroxens (z. B. (200)) weiterlaufen. Außerhalb der Übergangszone erscheinen Granat und Pyroxen fast ungestört.

In den beobachteten Orientierungen lassen sich weitgehende Gitteranalogien feststellen, wobei insbesondere die recht gute Koinzidenz der Al-Positionen im Granat mit den M2-Positionen in den Pyroxenen parallel zu den Verwachsungsebenen auffällt. Durch die Gitteranalogien beider Mineralphasen wird die Keimbildungsarbeit des Granats herabgesetzt und somit seine Bildung als Entmischungslamellen im ersten Stadium erleichtert. Die zur Granatbildung notwendige Diffusion der Kationen dürfte in der stark gestörten Übergangszone begünstigt sein. Die Granatbildung in diesen Pyroxenen kann somit als diffusionsgesteuerte, topotaktische Festkörperreaktion beschrieben werden.

3.2.8 Einfluß der Struktur von Korn- und Phasengrenzen auf die Umwandlungskinetik von Mineralen (Richard Wirth)

Die Kinetik und die Mechanismen von Phasenumwandlungen können durch die Beobachtung der Orientierungsbeziehungen zwischen Reaktanden und Produkten untersucht werden: Bei gleicher Temperatur-Zeitgeschichte bilden sich je nach Lage der Kristallgitter zueinander unterschiedlich breite Reaktionssäume aus, d. h., die Struktur der Korngrenze ist ein wesentlicher Faktor für den Reaktionsfortschritt.

Dieses Konzept wurde an den Gesteinen des Kontakthofs der Traversella-Intrusion (Sesia-Lanzo-Zone, Norditalien) angewendet. In alpine Hochdruckgesteine (vorwiegend Glaukophan-Glimmerschiefer) intrudierte jungalpin und unter niedrigen Drücken der Quarz-Diorit von Traversella. In seinem Kontakthof wurden die Hochdruckgesteine in Abhängigkeit von ihrer Entfernung zur Intrusion thermisch umgewandelt.

Umwandlung von Phengit: Bei der kontaktmetamorphen Überprägung wird Phengit durch Biotit verdrängt. Dabei erzeugt eine Orientierungsbeziehung $(001)_{Biotit}$ senkrecht $(0001)_{Phengit}$ breitere Umwandlungssäume als $(001)_{Biotit}$ parallel $(0001)_{Phengit}$. Hierfür gibt es zwei mögliche Erklärungen:

– keine fluide Phase auf den Grenzflächen, die Umwandlungskinetik hängt ab von der Orientierung des neugebildeten Biotits zum ursprünglichen Phengit. Die Orientierung $(001)_B$ senkrecht $(0001)_P$ ergibt mit diesem Konzept eine Grenzfläche schlechter atomarer Passung mit hoher Beweglichkeit und daher breite Umwandlungssäume, und vice versa für $(001)_B$ parallel $(0001)p$;

– fluide Phase auf den Grenzflächen: die beobachteten Unterschiede der Saumbreite als Funktion der Orientierungsbeziehung von Phengit zu Biotit sind das Resultat einer Wachstumsauslese. Liegt die Grenzfläche mit der fluiden Phase parallel zur Basis des Biotits, so ist beim Aufbau des Biotits in Schichten parallel zu seiner Basis eine Sortierung der Atome notwendig, d. h., die laterale Diffusion der Atome in der Korngrenze muß der geschwindigkeitsbestimmende Schritt sein.

Umwandlung von Glaukophan: Die thermisch induzierte Umwandlung von Glaukophan in Chlorit/Biotit + Albit + Quarz setzt in ca. 300 m Entfernung zum Kontakt ein und ist in einer Entfernung von ca. 60 m vollständig abgelaufen. Die Umwandlungsprodukte entstehen hinter inkohärenten Grenzflächen, die sich ausgehend von Korn- und Phasengrenzen, Rissen und Sprüngen in den

Glaukophan hineinbewegen. Die Umwandlungsfront zeigt einen geradlinigen Verlauf, wenn sie senkrecht zu $[001]_{Glaukophan}$ verläuft, parallel [001] ist sie dagegen stark zerlappt und unregelmäßig. Das Fehlen einer Orientierungsbeziehung zwischen Reaktanden und Produkten weist auf eine fluide Phase auf der Grenzfläche hin, und die Umwandlung des Glaukophans stellt sich als ein Lösungs-Fällungs-Prozeß dar. Die Morphologie der Grenzfläche ist durch die unterschiedliche Löslichkeit des Glaukophans aufgrund unterschiedlicher Defektdichte in verschiedenen Richtungen bedingt.

Myrmekitbildung: Oberhalb der Oligoklas-Isograde ($> 500\,°C$) finden sich zelluläre Entmischungen von lamellarem Quarz und Oligoklas in K-Feldspäten. Diese Entmischungszellen sind immer an bewegte K-Feldspat-K-Feldspat-Korngrenzen gebunden und weisen die Merkmale einer diskontinuierlichen Entmischung auf, wie man sie bei Metall-Legierungen kennt. So sind z. B. Lamellenabstand und Lamellenbreite eine Funktion der Temperatur. Mit steigender Temperatur nimmt der Lamellenabstand zu, der Diffusionsweg in der Korngrenze wird größer. In den Gneisen wächst der Lamellenabstand der Quarz-Lamellen von 4,5 μm (41 m Entfernung vom Kontakt) auf 6,5 μm (Kontakt); die mittlere Zellgröße steigt von 48 μm auf 67 μm an. Aus dem Lamellenabstand und der Geschwindigkeit der Reaktionsfront lassen sich die Korngrenzendiffusionsgeschwindigkeiten für diesen Prozeß abschätzen (Turnbull 1955). Unter der Annahme, daß die Temperatur für eine Zeitdauer von 10000 Jahren über der Oligoklasisograde lag, läßt sich die Geschwindigkeit der Reaktionsfront aus der Zellgröße berechnen, und man erhält für die Korngrenzendiffusionskoeffizienten D_b:

$$D_b = 4 \cdot 10^{-18} \ m^2 s^{-1} \ (41 \ m \ Entfernung \ zum \ Kontakt)$$
$$D_b = 1 \cdot 10^{-17} \ m^2 s^{-1} \ (Kontakt)$$

Rekristallisation von Quarz: Aus dem Verhältnis von deformiertem Quarz-Altkornanteil zu rekristallisiertem Quarzkornanteil und der Quarz-Rekristallisatkorngröße in Abhängigkeit von der Temperatur ergibt sich, daß die Quarz-Rekristallisation in einer Entfernung von ca. 35 m (ca. 600 °C) zum Kontakt einsetzt. Die Temperatur für die Hoch-Tief-Umwandlung von Quarz liegt bei einem Umschließungsdruck von 1,3 kbar bei 606 °C, und es ist zu vermuten, daß es einen Zusammenhang zwischen Quarz-Rekristallisation und -Inversion gibt.

3.2.9 Kinetik von „Hin- und Rück-Reaktionen" in hydrothermalen feldspathaltigen Systemen (Egon Althaus)

Auflösung und Kristallisation von Feldspäten werden gemeinhin als spiegelbildlich verlaufende Reaktionen angesehen, was für ihren Chemismus im allgemeinen auch zutrifft. Hinsichtlich ihrer Kinetik scheinen sie aber unterschiedlich abzulaufen, da nach den bisherigen Erfahrungen Korrosion ein wesentlich schneller ablaufender Prozeß ist als die „Rück-Reaktion", die zum Aufbau von Feldspat führt.

Die Auflösung von Feldspäten (Beispiel: Labradorit) unter hydrothermalen Bedingungen vollzieht sich nach relativ einfachen Mechanismen. Die Kurve der Abhängigkeit der aufgelösten Massen von der Zeit hat drei unterschiedliche Äste: Im Anfangsbereich ist sie praktisch linear (Masse unabhängig vom Lösungsvolumen, aber linear proportional zur Festkörper-Oberfläche und zur Zeit). Gegen Ende stellt sich ein stationärer Zustand ein, in welchem die gelöste Masse unabhängig von Oberfläche und Zeit, aber proportional zum Lösungsvolumen ist; zwischen beiden Bereichen vermittelt ein Übergangsbereich.

Die Zeitkonstante K_x für den Anfangsbereich wurde in Abhängigkeit von folgenden Parametern untersucht: Reaktionszeit, Lösungsgenossen, Defektdichte, p_H-Wert, neugebildete Sekundärphasen, Druck und Temperatur.

- Lösungsgenossen: Beeinflussung der Lösungsgeschwindigkeit, hauptsächlich durch die SiO_2-Konzentration. Ist diese hoch, so ist K_x niedrig.
- Defektdichte: Bei hohen Werten ist K_x hoch.
- p_H-Wert: Bei niedrigem p_H ist K_x hoch.
- Druck (116–180 bar): kein signifikanter Einfluß.
- Temperatur (50–350 °C): bis ca. 250 °C Zunahme von K_x mit steigender Temperatur; bei höherer Temperatur Komplikation durch die Bildung von Sekundärphasen (Schutzschicht-Effekt).
- Sekundärphasen: Kongruente Auflösung findet statt in den Initialschritten bei kurzen Reaktionszeiten, niedrigen Temperaturen und geringer Defektdichte.

Als Beispiel für eine Rückreaktion wurde die Anorthitbildung nach den Reaktionsgleichungen

$$CaCO_3 + 2 SiO_2 + 2 Al(OH)_3 = CaAl_2Si_2O_8 + 3 H_2O + CO_2$$
$$CaCO_3 + 2 SiO_2 + Al_2O_3 = CaAl_2Si_2O_8 + CO_2$$

untersucht. Hierbei handelt es sich um „overall-Reaktionen" mit einer Kombination unterschiedlicher Schritte. Diese unterliegen folgenden Parametern:

- Art der Reaktionspartner
- Korngrößen der Al- und Si-Komponente
- Oberflächengröße des Calcits
- Vorbehandlung der festen Phasen
- Fluid/Feststoff-Verhältnis
- CO_2-Gehalt der fluiden Phasen
- Homogenität der Festphasen
- Zugabe von Impfkristallen
- Temperatur

Die Anorthitbildung erfolgt nur in Anwesenheit eines Transportmediums, dessen Menge aber von untergeordneter Bedeutung ist. Zwei Teilschritte steuern die Geschwindigkeit der Gesamtreaktion: 1. die Auflösung eines oder mehrer Edukte; 2. die Diffusion durch eine neugebildete Produktschicht. Alle oben aufgeführten Parameter beeinflussen diese Prozesse, dazu auch Dicke und Porosität der Produktschicht. Eine Zugabe von Impfkristallen hat keinen Einfluß auf den Reaktionsverlauf, zumindest nicht hinsichtlich der Reaktionsgeschwindigkeit. Ab einer Temperatur von ca. 450 °C wächst der Anorthit nicht mehr unmittelbar auf dem Calcit auf; daraus resultiert eine andere Zeitabhängigkeit des Umsatzes.

Reaktionen zur Bildung und Auflösung von Feldspäten verlaufen somit nach unterschiedlichen Mechanismen. Ihre Kinetik hängt von chemischen und physikalischen Parametern in verschiedener Weise ab.

3.3 Heterogene Gleichgewichte

3.3.1 Kinetik des Wasseraustauschs von Mg-Cordierit mit fluider Phase (Werner Schreyer)

Ziel des Projektes war die Beantwortung der geowissenschaftlichen Frage, ob die Gehalte an molekularem Wasser in dem gesteinsbildenden Mineral Cordierit Schlußfolgerungen gestatten auf dessen Bildungstemperaturen und -drücke und damit auch auf die von ihren Muttergesteinen. Frühere Untersuchungen (Schreyer und Yoder 1964) hatten gezeigt, daß bei Gegenwart einer wässrigen

42

Fluidphase die Wassergehalte in den strukturellen Kanälen des Cordierits mit dem Druck steigen, aber mit der Temperatur fallen.

Im vorliegenden Projekt wurde der Verlauf dieser H_2O-Isoplethen neu bestimmt für Mg-Cordierit im gesamten Bereich zwischen 200 °C und 700 °C und von 0 bis 4 kbar, das heißt nicht nur innerhalb des Stabilitätsfeldes von Mg-Cordierit (T > ca. 500 °C), sondern auch in demjenigen Bereich, in welchem in der Natur die häufige retrograde Umwandlung des Cordierits (Pinitisierung) stattfindet, bzw. durch den auch alle die Cordierite wandern mußten, welche nicht pinitisiert wurden. Überraschenderweise ergab sich ein Umschwenken der H_2O-Isoplethen von der bekannten positiven dP/dT-Steigung bei hohen Temperaturen in eine negative Steigung, und zwar etwa im Bereich 300–400 °C, also außerhalb des Cordierit-Stabilitätsfeldes. Damit ist klar, daß Cordierite im Zuge ihres Aufsteigens zur Erdoberfläche ohne Einwirkung einer äußeren Gasphase eigentlich, für den Fall chemischen Gleichgewichts, das in ihnen gespeicherte Wasser weitgehend verlieren sollten. Dies ist offensichtlich nicht der Fall, mit Ausnahme von Vulkangesteinen, bei denen es zu einer Hochtemperatur-Entwässerung bei niedrigem Druck kommt.

Die kinetischen Studien mit vorher synthetisiertem, wasserfreien Cordierit ergaben, daß der Einbau von Wasser aus der Fluidphase (Hydratation) grundsätzlich sehr rasch verläuft, während umgekehrt die nötige Dehydratation von Mg-Cordieriten zur Anpassung an niedrigere Druck-Temperaturbedingungen teilweise um Größenordnungen langsamer erreicht wird. Diese Trägheit der Dehydratation steigt, je niedriger die Temperatur ist. Für 300 °C und einen Wasserdruck von 1 kbar zeigt Abbildung 10, daß die Diffusion von Wasser aus einem Cordieritkristall mit 2 mm Durchmesser heraus zwischen 10^6 und 10^8 Jahren dauert, je nachdem welcher Diffusionskoeffizient D gewählt wird. Dieser D-Wert ist aus den experimentellen Daten nur grob abzuschätzen, weil die für die Diffusion effektive Korngröße nicht mit der tatsächlich beobachteten übereinstimmen muß (Risse oder Versetzungen im Kristall). Jedenfalls kommt man mit den obigen Dehydratationszeiten in Größenordnungen, welche für geologische Vorgänge wie Abkühlung und Hebung zutreffen. Besonders wichtig ist indes, daß die Trägheit der Dehydratation geradezu dramatisch weiter zunimmt, wenn der Cordierit in seinen Kanälen neben H_2O noch andere Molekülspezies wie z. B. CO_2, oder auch Kationen wie z. B. Na^+, beherbergt. Diese Komponenten wirken nach den experimentellen Erfahrungen wie Stöpsel, welche die Kanäle blockieren und das Herausdiffundieren des Wassers in Richtung der Kanäle (kristallographisch c) verzögern bzw. verhindern.

Da CO_2 in natürlichen Cordieriten, speziell der Granulitfazies in der Unterkruste, häufig vorkommt, und da Natrium mit etwa 0,05 bis 0,1 Atomen pro Formeleinheit (18 Sauerstoffe) in nahezu jedem natürlichen Cordierit zugegen

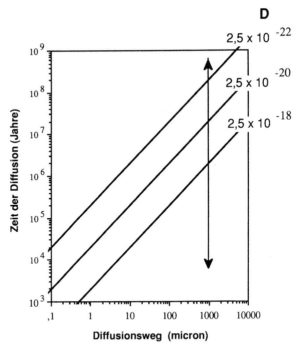

D

2,5 x 10^{-22}

2,5 x 10^{-20}

2,5 x 10^{-18}

Diffusionsweg (micron)

Abb. 10: Diffusionsweg von Wasser aus dem Kanal von reinem Mg-Cordierit heraus, aufgetragen gegen die Zeit (in Jahren) für 300 °C, 1 kbar Wasserdruck (nach Schreyer, 1985). Die drei eingetragenen Geraden gelten für die jeweils angegebenen Diffusionskoeffizienten D. Schnittpunkte dieser Geraden mit der durch den Pfeil gekennzeichneten Senkrechten bei 1000 µm geben die nötige Zeitspanne an, um den Wassergehalt eines 2 mm großen, als Kugel angenommenen Cordieritkristalls vollständig mit der Fluidphase in ein (metastabiles !) Gleichgewicht zu bringen. Bei stabilem Gleichgewicht müßte Cordierit zu Phyllosilikaten abgebaut werden.

ist, können diese Erfahrungen direkt auf das komplexe natürliche System der Gesteinsbildung übertragen werden. Es läßt sich abschätzen, daß in einem Temperaturbereich, der je nach „Stöpselgehalten" zwischen 250 und 500 °C liegt, natürliche Cordierite auch in erdgeschichtlichen Zeiträumen (Jahrmillionen bis Jahrmilliarden) ihre Wassergehalte nicht mehr verringern, weil die Geschwindigkeit der Dehydratation bei diesen Temperaturen zu vernachlässigen ist. Die in Cordieriten gemessenen Wassergehalte müssen also in jedem Fall bei etwas höheren Temperaturen aufgenommen worden sein. Was den Druck angeht, so geben die vorher erwähnten Umbiegungen der H$_2$O-Isoplethen für die jeweiligen Wassergehalte wenigstens Minimaldrucke für die Zeit des letzten Wasseraustauschs, und damit sicher auch für die Bildungsbedingungen von Cordierit und Gestein, an.

Unter Bezugnahme auf das erst bei höheren Temperaturen beginnende Stabilitätsfeld des Cordierits sind die obigen Aussagen aber nur von geringem Wert: Cordierite haben sich in der Natur bei Mindesttemperaturen von, je nach Wasserdruck, 500 bis 600 °C gebildet. In diesem Bereich ist aber die Kinetik von Hydratation wie Dehydratation so günstig, daß ein regelmäßiger Wasseraustausch zwischen Cordierit und seiner Umgebung stattfinden kann. Der Petrologe kann also nicht erwarten, daß die am natürlichen Mineral jetzt gemessenen Wasserwerte denen zur Zeit seiner Bildung überhaupt ähnlich sind. Die durchaus verschiedenen Wassergehalte der natürlichen Cordierite entsprechen somit mit höchster Wahrscheinlichkeit den an der jeweils zutreffenden kinetischen Grenze zuletzt eingefrorenen. Analog zu „Abkühlaltern" in der Geochronologie zeigt die Mineralchemie des Cordierits also „Abkühlwassergehalte". Aus dem nämlichen Grund muß die eingangs gestellte geowissenschaftliche Frage, ob die Wassergehalte der Cordierite etwas aussagen über die Bildungsbedingungen von Mineral und Gestein, verneint werden.

Interessant ist schließlich die eindeutige experimentelle Erfahrung, daß das Wasser im Kanal der Cordierite nicht zur Verfügung steht zur retrograden Abbaureaktion (Pinitisierung) des Cordierits in Phyllosilikatparagenesen. Diese erfolgt ausschließlich durch Einwirkung einer externen Fluidphase. Es gibt also nur Mord am Cordierit, keinen Selbstmord!

3.3.2 Kinetik der Elementverteilung zwischen ternären Feldspäten und koexistierenden Lösungen (Wilhelm Johannes, Manfred Schliestedt)

Wechselwirkungen zwischen Feldspäten und (chloridischen) Lösungen spielen bei vielen gesteinsbildenden Vorgängen wie z. B. der Veränderung von Basalt durch Meerwasser, metasomatischen Prozessen im Zusammenhang mit der Platznahme von Intrusionen oder metamorphen Reaktionen eine große Rolle.

Um Informationen über den Mechanismus, die Kinetik und die Gleichgewichte zwischen Feldspäten und Fluiden zu gewinnen, wurden die Kationenaustauschreaktionen zwischen wässrigen chloridischen Lösungen und Feldspäten experimentell untersucht. Hierbei wurden folgende Ergebnisse erzielt:

— Entsprechend den beiden natürlich vorkommenden Mischkristallreihen der Alkalifeldspäte und der Plagioklase lassen sich systematische Unterschiede auch zwischen dem Na-K und dem NaSi-CaAl Austausch mit Lösungen beobachten.

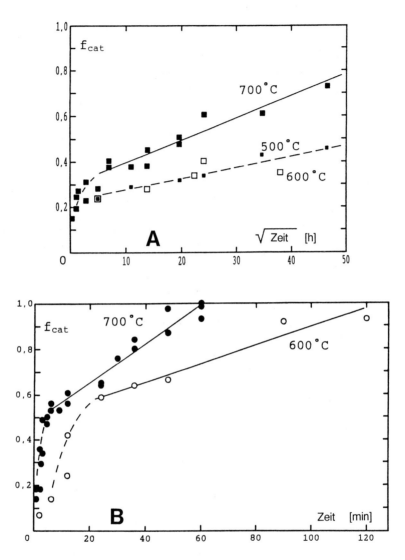

Abb. 11: Ergebnisse der Kationenaustauschexperimente zwischen Plagioklasen und chloridischen Lösungen (P_{fluid} = 2 kbar)

A. Reaktion mit 2n NaCl-Lösungen. Der Umsatz f_{cat} steigt nach einem parabolischen Geschwindigkeitsgesetz. Gleichgewicht wird auch nach 100 Tagen nicht erreicht.

B. Reaktion mit 2n CaCl$_2$-Lösungen. Der Umsatz f_{cat} nimmt linear mit der Versuchszeit zu. Gleichgewicht wird nach 1 Stunde bei 700 °C bzw. 2 Stunden bei 600 °C erreicht.

– Der Na-K Kationenaustausch läuft über einen Lösungs-Fällungs-Mechanismus ab, wobei der Transport in der Grenzschicht Feldspat-Lösung der geschwindigkeitsbestimmende Schritt ist.
– Reaktionen mit Plagioklasen zeigen ein besonderes Verhalten: Je nachdem ob der Feldspat Ab- oder An-reicher werden muß, ändert sich die Reaktionsgeschwindigkeit drastisch. Zwei Beispiele dazu sind in Abbildung 11 A, B dargestellt.
– Einkristallexperimente zeigen, daß der Austausch anisotrop vor sich geht (fünfmal höherer Umsatz in Richtung (001) als in Richtung (010)).
– Es besteht kein Unterschied in der Reaktionsgeschwindigkeit zwischen dem Na für K und dem K für Na Austausch.
– Bei der Bildung Ab-reicherer Feldspäte muß aufgrund des gekoppelten Ersatzes CaAl durch NaSi die Menge an Feldspatsubstanz zunehmen. Es kommt daher zur Ausbildung einer Ab-reichen Reaktionsschicht auf der Oberfläche der eingesetzten Körner, welche den weiteren Austausch nur über (langsame) Diffusion durch die Reaktionsschicht hindurch zuläßt.
– Bei der Bildung An-reicherer Plagioklase im Austauschprozeß nimmt die Feldspatmenge ab. Es bilden sich Hohlräume, die Wegsamkeiten für schnellen Transport in der fluiden Phase schaffen. Die Umsätze in dieser Richtung sind daher um ein Vielfaches größer als in Richtung auf Ab-reichere Zusammensetzungen. Der Austausch läuft über einen Lösungs/Fällungsprozeß ab, zu erkennen an der ungeordneten Al,Si-Verteilung der Reaktionsprodukte und der direkten Korrelation der Umsätze von Kationen- und Sauerstoff-Isotopenaustausch.
– Einkristallexperimente zeigen ebenfalls größeren Umsatz in Richtung (001) als in Richtung (010).
– Erfolgreiche Austauschversuche bei Temperaturen von 400 °C deuten an, daß in Gegenwart von chloridischen Lösungen geeigneter Zusammensetzungen Reaktionen zwischen Feldspäten selbst bei niedrigen Temperaturen möglich sind.

3.3.3 Fraktionierung der Sauerstoff-Isotope im System Granat-Wasser (Stephan Hoernes)

Die verbreitete chemische Zonierung von natürlichen Granaten dient als wichtiges Indiz für den bei der Metamorphose eines Gesteins durchlaufenen Druck-Temperatur-Zeit(PTt)-Pfad und enthält damit Informationen über Aufheiz- und Abkühlungsgeschwindigkeiten. In diesem Projekt sollte untersucht werden, ob aus einer Zonierung der Sauerstoff-Isotopenzusammensetzung von Granat etwas über die Geschwindigkeit des Isotopenaustausches und damit auch der Mineralbildung ausgesagt werden könnte.

Dazu war es erforderlich, zunächst die Gleichgewichtsfraktionierung im System Granat-Wasser experimentell zu bestimmen. Granat gehört zu den am schwierigsten aufschließbaren und am wenigsten reaktiven Mineralen, daher traten große Schwierigkeiten experimenteller und analytischer Art auf.

Der Isotopenaustausch im Experiment mit natürlichen Ausgangsmaterialien ist in den ersten Stadien der Reaktion durch eine relativ rasche Oberflächenreaktion gekennzeichnet, anschließend wird über Diffusion sehr langsam ein Gleichgewichtszustand angesteuert. Bedingt durch die endliche Laufzeit des Projekts konnten diese sehr kleinen Geschwindigkeitskonstanten des Austausches nicht quantitativ bestimmt werden.

Dagegen konnte die Gleichgewichts-Isotopenfraktionierung des Sauerstoffs zwischen Granat und Wasser durch Synthese-Experimente bestimmt werden: Wenn auch experimentell nicht strikt beweisbar (aufgrund der schlechten Kinetik und des Fehlens von Daten aus Hin- und Rückreaktion), repräsentieren diese Synthese-Experimente aufgrund des Vergleiches mit natürlichen Fraktionierungen wahrscheinlich thermodynamisches Gleichgewicht.

3.3.4 Kinetik des Argonaustauschs zwischen Glimmer und fluider Phase: Diffusion von ^{40}Ar in Glimmern unter hydrothermalen Bedingungen (Hans Lippolt)

Schließtemperaturen von abkühlenden Mineralien für Element- oder Isotopenaustausch werden einerseits aus regionalen Studien und andererseits aus kinetischen Experimenten gewonnen. Vakuumsdiffusionsexperimente lieferten bisher die meisten bekannten Diffusionswerte. Solche Vakuumexperimente können nur dann geologisch realistische Werte ergeben, wenn sich die untersuchten Minerale nicht durch Wasserabgabe während der Untersuchung zersetzen. Dieser Effekt ist vor allem bei Muskovit und Biotit zu erwarten. Er führt zu größeren Diffusionsraten und damit niedrigeren scheinbaren Schließungstemperaturen als bei Diffusion unter hydrothermalen Bedingungen, bei denen die Zersetzung vermieden wird.

Zur Bestimmung der Kinetik des Argon-Austausches zwischen Biotit bzw. Muskovit einerseits und fluider Phase andererseits wurden Präparate dieser Minerale mit unterschiedlichen Korngrößen bei unterschiedlichen Temperaturen und Drücken verschieden lang geheizt und partiell Ar-entgast. Diese Untersuchungen fanden in Kooperation mit Paul Metz, Tübingen, statt. Danach wurden die Präparate zur ^{39}Ar-Erzeugung mit Neutronen bestrahlt und anschließend massenspektroskopisch analysiert, wobei eine zweite Entgasung unter Vakuumbedingungen erfolgt. Die Ergebnisse an beiden Mineralen bestätigen die Erwartung kleinerer hydrothermaler Diffusionsraten: Im Arrhenius-Diagramm macht das zwei (Muskovit) bis drei (Biotit) Größenordnungen aus. Für Biotit wurde eine Aktivierungsenergie von 200 kJ/mol gefunden, während vorläufige Ergebnisse am Muskovit auf eine Aktivierungsenergie von 160 kJ/mol hindeuten.

3.3.5 Kinetik der Veränderung von Titanomagnetiten (Elmar Schmidbauer, Axel Schult, Heinrich Soffel)

Betrag und Richtung der natürlichen remanenten Magnetisierung (NRM) von Gesteinen werden im allgemeinen als Indiz für die Intensität und Richtung des während der Genese des Gesteins herrschenden Magnetfeldes der Erde im Rahmen der Untersuchungen des Paläomagnetismus verwendet. Dabei wird implizit vorausgesetzt, daß die dem Gestein bei seiner Genese aufgeprägte NRM bis heute unverändert geblieben ist. Andererseits ist bekannt, daß nachträgliche Änderungen der NRM durch später gebildete kleine ferrimagnetische Erzkörner wie Maghemit aus Oxidation von Titanomagnetit oder ferrimagnetische Ausscheidungen aus Silikaten (chemische Remanenz) eintreten können.

Das Projekt insgesamt befaßte sich mit drei verschiedenen Themenkreisen, deren gemeinsamer Ausgangspunkt der paläomagnetische Aspekt ist.

a) Kinetik der Oxidation von Eisen-Titanoxiden (Elmar Schmidbauer)

Ziel ist die Simulation der in Ozeanbasalten ablaufenden Oxidation ($< 300\,°C$) der Titanomagnetit-Erzkörner, der zu Titanmaghemiten führt. Bei diesem Prozeß bleibt das Spinellgitter erhalten, es bilden sich jedoch Kationenleerstellen und es entsteht ein Überschuß des Fe^{3+} gegenüber Fe^{2+}. Der zeitliche Ablauf der Oxidation kann im Labor bestimmt werden, soweit die Kationenmigration der geschwindigkeitsbestimmende Schritt ist. Im Labor ist bei Temperaturen von ca. 200 °C eine Maghemitisierung nur bei Körnern unter 0,5 µm möglich. Es wurden Oxidationsversuche an äquidimensionalen synthetischen Titanomagnetit-Körnern im Größenbereich 0,1 bis 0,4 µm bei Temperaturen zwischen 150 und 230 °C und reduziertem Luftdruck von 10^{-4} bis 10^{-2} mbar in einer Thermowaage ausgeführt. Aus der Gewichtszunahme der Proben konnte auf den Oxidationsgrad z (= Anteil des ursprünglich im Titanomagnetit enthaltenen Fe^{2+}, das in Fe^{3+} umgewandelt wurde, $0 < z < 1$) geschlossen und aus den z-t-Kurven der Diffusionskoeffizient für den Oxidationsprozeß abgeleitet werden.

49

b) Kinetik von Prozessen der Selbstumkehr der Remanenz (Axel Schult)

Ein Mechanismus der Selbstumkehr bei Titanomagnetiten hängt mit dem Ferrimagnetismus des Minerals zusammen, der durch zwei antiparallele und dem Betrag nach verschiedene Untergittermagnetisierungen erklärt werden kann. Bei ähnlichen Magnetisierungsbeträgen kann eine Kompensationstemperatur auftreten, bei der die resultierende Magnetisierung Null ist und sich eine Remanenz umkehrt (sog. N-Typ-Magnetisierung). Bei der Tieftemperaturoxidation der Titanomagnetite werden Leerstellen im wesentlichen auf dem Untergitter mit zunächst überwiegender Magnetisierung gebildet. Als Zwischenstadium dieses Prozesses, der schließlich zu einer irreversiblen Selbstumkehr führt, tritt eine Selbstumkehr nach dem N-Typ auf, die in bezug auf Temperaturänderungen reversibel ist, insbesondere in Alkalibasalten und Ozean-Basalten.

Die Kinetik des Fortschritts der Tieftemperaturoxidation wurde an natürlichen Proben untersucht. Die besten Ergebnisse wurden an extrahierten und fein gemahlenen Titanomagnetiten erzielt, aber auch an kompakten Basalten ist Tieftemperaturoxidation im Labor bei Temperaturen bis 200 °C möglich. Darüber findet Entmischung der Titanomagnetite statt. Verbunden mit der Zunahme des Oxidationsgrades wurde eine Zunahme der Kompensationstemperatur und eine Abnahme der Sättigungsmagnetisierung beobachtet, wie auch in Proben mit unterschiedlicher natürlicher Tieftemperaturoxidation. Die Abnahme der Sättigungsmagnetisierung, die zur Selbstumkehr führen kann, entspricht den theoretischen Betrachtungen. Für die Zunahme des Oxidationsgrades beim Laborversuch ergab sich die zu erwartende logarithmische Zeitabhängigkeit.

c) Kinetik der Entstehung einer chemischen Remanenz in Fe-haltigen Silikaten (Heinrich Soffel)

Als Ausgangsmaterial für die Erzeugung ferrimagnetischer Ausscheidungen wurden synthetische Olivine (Mischreihe Forsterit-Fayalit) verwendet. Die Oxidationsversuche wurden an Luft bei variablen Temperaturen bis 700 °C und Erhitzungszeiten bis 70 h durchgeführt. Das Entstehen von ferrimagnetischen Phasen submikroskopischer Größe (Magnetit, Magnesium-Spinell, Hämatit) wurde röntgenographisch und mit Hilfe magnetischer Messungen verfolgt. Die Kinetik des Ausscheidungsvorganges dieser Teilchen wird durch die gleichzeitige Bildung mehrerer ferrimagnetischer Phasen erheblich kompliziert. Daher konnte aus den magnetischen Daten allein kein Parameter abgeleitet werden, mit dem in einfacher Weise die Kinetik des Vorganges beschrieben werden könnte. Dennoch ergaben sich neue Daten über das Oxidationsverhalten von Olivinen mit dem Nachweis der Entstehung von Mg-Fe-Spinell, der durch die magnetischen Messungen einwandfrei identifiziert werden konnte.

3.3.6 Kinetik der Reäquilibrierung zwischen Ilmenit und Spinell im System Fe-Ti-Cr-O (Eduard Woermann)

Ziel der Untersuchungen war es, experimentelle Grunddaten zu erarbeiten, mit deren Hilfe die Abkühlungsgeschichte von lunaren Marebasalten auf der Basis der Elementverteilungen zwischen Fe-Ti-Oxidmineralen ermittelt werden kann. Während für das Spurenelement Zr bisher nur die Gleichgewichtsdaten neu bestimmt werden konnten, ließen sich für die Hauptelemente Fe, Ti und Cr sowohl Gleichgewichts- als auch kinetische Konstanten ermitteln.

Im System Fe-Ti-Cr-O wurden polykristalline Proben, bestehend aus Ilmenit und Spinell, bei niedrigen Sauerstoff-Fugazitäten bei 1300 °C synthetisiert und zur Bestimmung der Reäquilibrierungskinetik bei niedrigeren Temperaturen (700 bis 1000 °C) in evakuierten Quarzglasampullen nachgebrannt. Dabei ergab sich, daß der Reäquilibrierungsvorgang über zwei getrennte Prozesse mit unterschiedlicher Kinetik verläuft:

a. Im Ilmenit und im Spinell erhöhen sich die Fe/Ti-Verhältnisse, wobei der Änderungsbetrag mit abnehmender Temperatur zunimmt. Dies wird mit einer zunehmenden Ausheilung von Punktdefekten in Zusammenhang gebracht. Sie bewirkt eine Zunahme des Mengenverhältnisses Ilmenit/Spinell, welche sich auch als (111)-Lamellen in und Säume um Spinelle äußert. Damit ergibt sich, daß Ilmenitlamellen in natürlichen Spinellen nicht zwangsläufig auf Redoxprozesse zurückzuführen sind. Im Spinell verläuft die Änderung des Fe/Ti-Verhältnisses relativ schnell und jeweils über den ganzen Kristall. Bei 950 °C ist die maximale Erhöhung des Fe/Ti-Verhältnisses schon nach ca. 16 h erreicht. Bei längeren Versuchszeiten vergröbern sich die Ilmenit-Säume und -Lamellen, und die Anzahl der Lamellen verringert sich.

b. Der Spinell wird Cr-reicher, der Ilmenit aber Cr-ärmer. Bei diesem Teilprozeß findet ein Austausch $Fe^{2+} + Ti^{4+} = 2\,Cr^{3+}$ statt, der durch die Interdiffusion der entsprechenden Kationen kontrolliert wird. Erhöhte Cr-Konzentrationen stellen sich in den Randbereichen der Spinell-Kristalle schnell ein (z. B. bei 950 °C in < 1 h). Diese Konzentrationen sind meist höher als die Gleichgewichtswerte bei der entsprechenden Temperatur („uphill diffusion"). Dagegen bleiben im Kern der Spinell-Kristalle die ursprünglich bei 1300 °C eingestellten Cr-Gehalte noch lange erhalten (bei 950 °C bis über 112 h). Die intrakristalline Diffusion innerhalb der Spinell-Kristalle ist also langsam im Vergleich zu der innerhalb der Ilmenit-Kristalle und viel langsamer als die Erhöhung der Fe/Ti-Verhältnisse in beiden Mineralen. Somit ist die intrakristalline Diffusion innerhalb der Spinell-Kristalle der für die Kinetik der Reäquilibrierung bestimmende Prozeß.

Die Interdiffusionskoeffizienten (D) für den pseudobinären Fe-Ti-Cr-Austausch innerhalb der Spinelle wurden in Abhängigkeit vom fO_2 bei der Synthese und von der Nachbrandtemperatur auf der Basis von Zusammensetzungsprofilen mit der Elektronenmikrosonde bestimmt. Die Werte liegen im Bereich $1{,}6 \cdot 10^{-11}$ bis $3{,}2 \cdot 10^{-13}$ bei 1000 °C Nachbrandtemperatur bis herunter auf $1{,}6 \cdot 10^{-14}$ bis $2{,}5 \cdot 10^{-15}$ bei 800 °C. Bei den niedrigeren Sauerstoff-Fugazitäten sind die D-Werte invers mit fO_2 korreliert, werden aber bei höheren fO_2-Werten wieder etwas höher. Der oben beschriebene Einfluß der Defektkonzentration ist auch hier deutlich: Die Abnahme der Defektstellenkonzentration (Zunahme des Fe/Ti-Verhältnisses) bei zunehmender Versuchsdauer bewirkt eine starke Verlangsamung des Fe-Ti-Cr-Austausches innerhalb der Spinell-Kristalle (z. B. bei 800 °C über eine Größenordnung).

Die Interdiffusionskoeffizienten für den Fe-Ti-Cr-Austausch in Spinell liegen bei 1000 °C innerhalb des Bereichs, der für die Fe-Mg-Interdiffusion in Olivin bestimmt wurde. Vorteilhaft ist, daß die hier bestimmten Koeffizienten die Datenbasis auch auf niedrigere Temperaturen ausdehnen. Bei der Anwendung auf die lunaren Marebasalte ist allerdings zu beachten, daß in natürlichen Mg- oder Al-haltigen Spinellen die D-Werte für den Fe-Ti-Cr-Austausch kleiner als im reinen System sein werden. Dies zeigen auch entsprechende experimentelle Ergebnisse in diesen Systemen. Die im System Fe-Ti-Cr-O ermittelten Werte sind damit wichtige obere Grenzwerte für die Diffusionsgeschwindigkeit von Fe, Ti und Cr.

3.3.7 Experimentelle Untersuchung der Kinetik und des Mechanismus von Mineralreaktionen der Gesteinsmetamorphose (Paul Metz, Werner Bayh)

Diese Untersuchungen standen z. T. im direkten Zusammenhang mit Beobachtungen von L. Masch (vgl. Abschnitt 3.4.5) am natürlichen Material der Ballachulish-Aureole. Es sollte in ihnen der Mechanismus und damit der geschwindigkeitsbestimmende Schritt und die Kinetik von metamorphen Reaktionen, auch in Gegenwart von gemischten Gasphasen, bestimmt werden. Es wurden folgende Mineralreaktionen, meist bei einem Gesamtdruck von 500 MPa, untersucht:

Magnesit + Quarz + H_2O = Talk + CO_2 (1)

Dolomit + Quarz + H_2O = Talk + Calcit + CO_2 (2)

Tremolit + Calcit + Quarz = Diopsid + CO_2 + H_2O (3)

Dolomit + Quarz = Diopsid + CO_2 (4)

$$\text{Tremolit} + \text{Dolomit} = \text{Forsterit} + \text{Calcit} + CO_2 + H_2O \qquad (5)$$
$$\text{Diopsid} + \text{Dolomit} = \text{Forsterit} + \text{Calcit} + CO_2 \qquad (6)$$
$$\text{Tremolit} = \text{Diopsid} + \text{Enstatit} + \text{Quarz} + H_2O \qquad (7)$$
$$\text{Muskovit} = \text{Sanidin} + \text{Korund} + H_2O \qquad (8)$$

Als übergeordnetes Ergebnis hat sich herausgestellt, daß alle Reaktionen über einen Lösungs-Kristallisations-Mechanismus ablaufen, sobald neben den festen Ausgangsmaterialien, die als Mineralpulvergemische vorlagen, eine H_2O-haltige fluide Phase vorhanden ist. Dies gilt auch, wenn Wasser nur in Spuren vorhanden ist. Da bei der prograden Metamorphose H_2O meist in nicht geringen Konzentrationen auftritt, dürften die untersuchten Mineralreaktionen auch bei der Gesteinsmetamorphose über den festgestellten Reaktionsmechanismus ablaufen.

Für die Mechanismen der Reaktionen (1), (2), (4). (5) und (6) hat sich als weiteres gemeinsames Merkmal ergeben, daß bei hohen CO_2-Konzentrationen in der fluiden Phase die Produktminerale auf den Ausgangskarbonaten, d.h. auf Magnesit bzw. auf Dolomit, keimen und wachsen. Dies läßt sich erklären, wenn man annimmt, daß bei den Bedingungen der durchgeführten Versuche diese Karbonate eine geringere Auflösungsgeschwindigkeit haben als die Silikate des Eduktes. Bei den Reaktionen (1), (2) und (5) konnte außerdem beobachtet werden, daß diese Verwachsungen nicht mehr auftreten, wenn niedrige bis mittlere CO_2-Konzentrationen in der fluiden Phase vorliegen. Die Produkte keimen dann unabhängig von den Oberflächen der Eduktphasen.

Hiervon abweichende Ergebnisse wurden bei Reaktion (3) festgestellt. Das Produktmineral Diopsid keimt und wächst bei allen CO_2-Konzentrationen nicht am Calcit, sondern am Eduktmineral Tremolit. Dabei ist die Verwachsung von Tremolit und Diopsid topotaktisch (alle kristallographischen Achsen beider Minerale sind praktisch parallel). Da die gleiche Verwachsungsart auch in natürlich gebildeten Tremolit-Diopsid-Marmoren allgemein festzustellen ist, kann von einem gleichen Mechanismus der Reaktion im Experiment und in der Natur ausgegangen werden.

Weitere Untersuchungen zur Reaktion (3) haben gezeigt, daß für die Keimbildung des Diopsids bei Versuchszeiten bis zu vier Monaten die Gleichgewichtstemperatur um einen Betrag überschritten werden muß, der größer als 30, aber kleiner als 60 °C ist. Eine erste Extrapolation dieser Ergebnisse mit Hilfe von Keimbildungsgesetzen für homogene Systeme ergibt, daß auch bei den langen Reaktionszeiten der Gesteinsmetamorphose die Gleichgewichtstemperatur um einen Betrag zwischen 10 und 25 °C überschritten werden muß, damit es zur Keimbildung des Diopsids kommen kann. Dies bedeutet, daß auch metamorphe Isograden nicht notwendigerweise eine Gleichgewichtstemperatur widerspiegeln, sondern kinetisch kontrolliert sein können.

Die Untersuchungen zur Kinetik der Reaktion (3) haben gezeigt, daß der gekoppelte Prozeß aus Auflösung des Tremolits und Wachstum des Diopsids der geschwindigkeitsbestimmende Vorgang der Gesamtreaktion ist.

Analoge Verhältnisse wurden bei Reaktion (4) festgestellt. Hier besteht der geschwindigkeitsbestimmende Vorgang aus der Auflösung des Dolomits und dem Wachstum des Diopsids. Zur Keimbildung des Diopsids auf der Oberfläche des Dolomits muß die Gleichgewichtstemperatur weniger weit überschritten werden als bei Reaktion (3).

Die Geschwindigkeit der Hin-Reaktion des Gleichgewichts (5) wurde besonders detailliert untersucht. Eine Extrapolation der Ergebnisse zu Temperaturen nahe am Gleichgewicht ergab, daß diese Reaktion auch hier schnell abläuft im Vergleich zur Aufheizgeschwindigkeit bei der Metamorphose. Die Überschreitung der Gleichgewichtstemperatur im natürlichen Prozeß liegt deshalb bei alleiniger Berücksichtigung der Reaktionskinetik im Bereich von nur 1 bis 2 °C. Allerdings weisen Versuche mit Gesteinszylindern als Ausgangsmaterial darauf hin, daß die Reaktionsgeschwindigkeiten im Gesteinsverband erheblich geringer sind als in Pulvergemischen aus Tremolit und Dolomit.

Die Reaktionen (7) und (8) wurden untersucht, um die Mechanismen von reinen Dehydratisierungsreaktionen zu studieren. Sie laufen ebenfalls über Lösungs-Kristallisations-Mechanismen ab. Der nach (7) gebildete Diopsid keimt und wächst epitaktisch am Edukt-Tremolit, wie bei Reaktion (3).

Zu Reaktion (8) wurden auch Versuche durchgeführt, bei denen reines, H_2O-freies CO_2 als fluide Phase vorhanden war. Die Experimente haben ergeben, daß bei P_{CO_2} = 100 MPa und der hohen Temperatur von 800 °C die Zersetzung des Muskovits nicht über den von außen angreifenden Lösungs-Kristallisations-Mechanismus erfolgt, sondern über einen Intern-Reaktions-Mechanismus abläuft. Dieser beginnt mit der gitterinternen Freisetzung von H_2O und führt zur Bildung der Produktphasen im Innern des Muskovits. Ein ähnlicher Reaktionsmechanismus wurde von Wirth (1985, vgl. auch Abschnitt 3.2.8) an Glaukophan-Glimmerschiefern der Kontaktaureole von Traversella beobachtet.

3.3.8 Kinetik der Schmelzenbildung in Krusten- und Mantelxenolithen – Experiment und Naturbeobachtung (Hans-Adolf Seck)

Gegenstand des Projektes war die Kinetik des Zerfalls von Amphibol in Mantelperidotiten und die damit verbundene Bildung von Schmelzen. In Mantelperidotiten der Westeifel wird der Amphibol vom Rand zum Kern hin fortschreitend abgebaut. Der nahezu konzentrische Abbau der Amphibole ließ vermuten, daß der Zerfall im Experiment leicht zu duplizieren und quantitativ zu erfassen wäre.

Da natürliches Material für die Experimente nur im begrenzten Umfang zur Verfügung steht, wurden Testversuche mit Spaltstücken eines natürlichen Pargasits vorgenommen, der in das Gesteinsmehl eines amphibolfreien Peridotits eingebettet wurde. Allerdings erfolgte der Abbau nicht wie in den Xenolithen konzentrisch vom Rande aus, sondern in der Regel unregelmäßig von kleinen Einschlüssen ausgehend oder entlang von Spaltrissen fortschreitend. Derartige Abbauversuche wurden trocken bei 1 und 2 kbar und unter H_2O-Drücken durchgeführt.

Eine quantitative Interpretation dieser Experimente war wegen der unregelmäßigen Ausbreitung der Reaktionsfront nicht möglich. Qualitativ lassen sich jedoch folgende Schlußfolgerungen ziehen:

– Maßgeblich für die Geschwindigkeit der Reaktion ist die Temperaturdifferenz des Experiments zur Solidustemperatur. Unter trockenen Bedingungen ist bei 1050 °C, d. h. 10 °C oberhalb des Solidus, in 96 h nur ein geringfügiger Abbau festzustellen, während bei 1150 und 1200 °C (was der Temperung der Xenolithe in den basaltischen Magmen entsprechen dürfte) die Amphibole in einigen Zehner-Stunden bzw. Stunden vollständig abgebaut wurden.

– Bei einem Gesamtdruck von 1 kbar war der Abbau bei gleicher Temperaturdifferenz zum Solidus in Gegenwart von H_2O etwa um einen Faktor zwei schneller als bei trockenen Bedingungen. Die Erhöhung des H_2O-Druckes von 1 auf 2 kbar wirkt sich nochmals beschleunigend auf den Abbau aus. Für den natürlichen Prozeß ist allerdings zu beachten, daß wohl die gesamte, durch den Amphibol-Abbau erzeugte Wassermenge in der gebildeten Schmelze gelöst wird.

Nach Berechnungen von Mitchell et al. (1980) wird der Kern eines kugelförmigen Xenoliths mit einem Radius von 20 cm erst nach 3 h von 800 auf 1300 °C (angenommene Magmentemperatur) aufgeheizt, bei einem Radius von 50 cm erst nach 28 h. Die beobachteten Abbaugeschwindigkeiten des Amphibols von 1 bis 10 h weisen darauf hin, daß bei größeren Radien der Xenolithen die Aufheizgeschwindigkeit des Xenoliths und nicht die Abbaugeschwindigkeit des Amphibols selbst der geschwindigkeitsbestimmende Faktor ist.

3.3.9 Verhalten von Silikaten mit Olivinstruktur im Sauerstoffpotentialgradienten (Wolfgang Laqua)

Werden homogene ternäre Mischphasen wie (Mg,Co)O oder (Ni,Ti)O bei Temperaturen, bei denen die Gitterbausteine hinreichend beweglich sind (T > 1300 °C), dem Einfluß eines Sauerstoff-Potentialgradienten $\Delta\mu_o$ ausgesetzt, so tritt Entmischung ein, und im anfangs homogenen Material bauen sich Konzentrationsunterschiede auf. Ursache der Entmischung ist ein durch den Potentialgradienten erzeugter Fehlstellenfluß; das Ausmaß der Entmischung hängt vom Verhältnis der beiden Sauerstoffpartialdrücke pO_2''/pO_2' = exp $(2\Delta\mu_o/RT)$, durch die der Gradient eingestellt wird, und vom Verhältnis der Beweglichkeiten der beiden Kationen ab; das Sauerstoffionengitter wird als starr betrachtet.

Wirkt ein Sauerstoffpotentialgradient auf eine ternäre Phase mit engem Homogenitätsbereich wie $NiTiO_3$ ein, so findet, wenn der Gradient einen kritischen, theoretisch berechenbaren Wert überschreitet, ein Zerfall in die Ausgangsoxide, hier NiO und TiO_2, statt. Dieses Phänomen ist in der Literatur unter dem Namen „kinetic demixing" bekanntgeworden
Kinetische Entmischung von Fe_2SiO_4-Fayalit: Das kritische Sauerstoffpartialdruck-Verhältnis, oberhalb dessen die kinetische Entmischung von Fayalit zur Bildung von Wüstit (an der Seite höheren Partialdruckes) und von SiO_2 (an der Seite niedrigeren Partialdruckes) führt, ist gegeben durch:

$$\ln(p_{O_2}''/p_{O_2}')_{krit} = \frac{\gamma + 2}{\gamma - 2}\left(\frac{-\Delta G^0_{Fe_2SiO_4}}{RT} + 2\ln a_{FeO}''\right).$$

$\Delta G^0_{Fe_2SiO_4}$ ist die Standard-Gibbsenergie für die Bildung von Fayalit aus Wüstit und SiO_2, γ steht für das Verhältnis der mittleren Diffusionskoeffizienten von Fe zu Si im Fayalit und a_{FeO}'' ist die FeO-Aktivität in der gebildeten Wüstit-Phase. Die Entmischungsversuche wurden bei T = 1418 K in demjenigen Sauerstoffpartialdruckbereich durchgeführt, in dem die Wüstit-Phase stabil ist; und zwar wurden die Sauerstoffpotentialgradienten − absolut gesehen − einmal in tieferer (log pO_2'' = −12,9) und einmal in höherer (log pO_2' = −11,52) Lage dieses Stabilitätsfeldes angesiedelt. Im ersten Fall ließ sich ein kritisches Sauerstoffpartialdruckverhältnis $(pO_2''/pO_2')_{krit}$ von 6,8, im zweiten Fall von 2,29 messen.

Mittels der oben angegebenen Beziehung wurde unter Zugrundelegung des Literaturwerts für $\Delta G^0_{Fe_2SiO_4}$ das Verhältnis der mittleren Diffusionskoeffizienten von Eisen und Silicium in Fayalit zu 7,8 berechnet. Dieser Wert ist zwar überraschend klein, läßt sich aber auf der Basis des Fehlordnungsmodells von Nakamura und Schmalzried (1983) verstehen. Danach ist grundsätzlich ein um so geringeres kritisches Sauerstoffpartialdruckverhältnis zu erwarten, je höher der Partialdruckbereich gewählt wird, in dem die Entmischungsversuche durchgeführt werden.

Kinetische Entmischung von Co$_2$SiO$_4$: Analog zum Fayalit wurden Entmischungsversuche in zwei unterschiedlichen Sauerstoffpartialdruckbereichen durchgeführt, und zwar einmal in der Gegend von log pO$_2''$ = $-0,678$ (Luft) und zum anderen in der Gegend von log pO$_2''$ = $-7,36$, d. h. ziemlich nahe an der unteren Stabilitätsgrenze des Co$_2$SiO$_4$. Die kritischen Partialdruckverhältnisse konnten zu 1,91 bzw. 5,85 ermittelt werden.

Die Ergebnisse lassen sich deuten unter der Annahme, daß der Transport von Co-Ionen im Co$_2$SiO$_4$ über Leerstellen und der von Silicium über Zwischengitterplätze erfolgt. Dies führt letztlich zu der überraschenden Aussage, daß die gegenüber Co^{2+} an Luft um Zehnerpotenzen geringere Beweglichkeit des Siliciums bei sehr geringen Sauerstoffpartialdrücken (pO$_2$ = 10^{-7} bis 10^{-8} bar) in die gleiche Größenordnung wie die des Cobalts kommt, weil die Beweglichkeit von Co^{2+} mit abnehmendem Sauerstoffpartialdruck abnimmt, die des Siliciums in gleicher Richtung aber zunimmt.

Kinetische Entmischung von Magnesium-Eisen-Olivinen: Der Verlauf der kinetischen Entmischung einer quaternären Phase sollte am Beispiel der festen Lösung (Co$_{0,5}$Ni$_{0,5}$)$_2$SiO$_4$ studiert werden. Parallel dazu wurden Entmischungsversuche im System (Co$_{0,5}$Ni$_{0,5}$)O durchgeführt. Während letztere Erfolg hatten und quantitativ ausgewertet werden konnten, wurden die Entmischungsversuche mit der Olivin-Mischphase wegen experimenteller Schwierigkeiten aufgegeben.

Erfolgversprechender und natürlich geologisch interessanter ist das System (Mg$_{1-x}$Fe$_x$)$_2$SiO$_4$. Die Entmischungsversuche wurden bei T = 1140 bis 1200 °C mit synthetisch hergestellten Proben der Zusammensetzung X = 0,3 durchgeführt. Die Werte für die kritischen Sauerstoffpartialdruckgradienten entsprechen etwa den für den Fayalit (s.o.) gefundenen. Bleibt man mit dem Sauerstoffpartialdruckverhältnis unterhalb des kritischen Wertes, so tritt Entmischung im Kationengitter unter Aufbau von Konzentrationsgradienten ein. An der Seite höheren Partialdruckes wird der Olivin eisenreicher, an der gegenüberliegenden Seite magnesiumreicher. Der beobachtete Entmischungseffekt ist wesentlich kleiner als der von der Theorie vorhergesagte.

3.3.10 Kinetik der Haupt- und Spurenelementverteilung zwischen koexistierenden Phasen in lunaren Gesteinen (Ahmed El Goresy)

Das Ziel dieses Projektes war die Feststellung der Kristallisationsgeschichte und der Abkühlungsgeschwindigkeiten lunarer Basalte anhand der Texturen und der zugehörigen Elementverteilungen, insbesondere der oxidischen Phasen.

Luna 16-Basalte: Sie unterscheiden sich von anderen Lunaproben durch ihre hohen Al-Gehalte von 13-15 Gew. % Al_2O_3. Spinelle weisen bis zu 25 Gew. % Al_2O_3 auf. Sie variieren in ihrer Zusammensetzung von Ti-Chromiten, Al-Chromiten zu Cr-Ulvöspinellen und zeigen abrupten und kontinuierlichen Zonarbau.

Aufgrund der räumlichen Verteilung der Hauptelemente Fe, Mg, Cr, Al und Ti vom Kern bis zum Rand der verschiedenen Spinelle kann zwischen drei Kristallisationstendenzen unterschieden werden:

a. Die Substitution von Al für Cr nimmt bis zum Rand des gerundeten Chromitkerns linear zu. Die Zusammensetzung des Ulvöspinellrandes unterscheidet sich wesentlich von der des Kerns. Al_2O_3 und Cr_2O_3-Werte verringern sich gleichzeitig, die TAC ($=TiO_2/(TiO_2 + Al_2O_3 + Cr_2O_3)$) und FFM ($=FeO/(FeO + MgO)$)-Werte nehmen zu.
b. Es erfolgt eine starke Abnahme in Al_2O_3, verbunden mit einer schwachen Abnahme in Cr_2O_3 gegenüber einer starken Zunahme von TAC und FFM. Der Kristallisationsweg überdeckt die Lücke zwischen Chromitkern und Ulvöspinellrand des erstgenannten Kristallisationsweges a. und führt über die Zusammensetzung des Randes bei a. hinaus. Der gekrümmte Substitutionsweg verläuft zwischen einem Cr/Al-Verhältnis von 1 : 1 und 2 : 1.
c. Das Spinellkorn kristallisiert ähnlich wie bei b., aber mit einem höheren Cr/Al-Verhältnis und zu höheren TAC und FFM-Werten. Dieser Spinell zeigt einen stärker gekrümmten Cr/Al-Substitutionstrend als b.

Ilmenit/Cr-Ulvöspinell-Vorkommen in Luna 16-Basalten sind auf Anorthit-Pyroxen-Paragenesen beschränkt. Ilmenite ummanteln die Spinelle nie vollständig, sondern erscheinen nur vereinzelt an den Spinell-Kristallgrenzen. Die Spinelle zeigen vom Kern zum Rand einen reversen Zonarbau, d.h., die TAC-Werte nehmen von 0,71 auf 0,52 ab bei gleichbleibenden FFM-Werten (ca. 0,99). Da die Ilmenite nicht orientiert entlang (111)-Flächen der Cr-Ulvöspinelle gewachsen sind und kein metallisches Fe nahe der Ilmenitsäume auftaucht, ist dieser reverse Zonarbau einer Subsolidus-Äquilibrierungsreaktion und keiner Subsolidus-Reduktionsreaktion zuzuschreiben.

TiO₂-reiche Apollo 17-Basalte: Sie zeichnen sich durch ihren hohen Gehalt an opaken Oxidmineralen und eine ausgeprägte Subsolidus-Äquilibrierung zwischen spätkristallisierten Ilmeniten und Cr-Al-Ulvöspinellen aus. Dadurch ist es möglich, die Zr-Verteilung zwischen diesen Oxidphasen zu verfolgen. Sie ist temperaturabhängig und wird auch beeinflußt vom Verhältnis (Cr + Al)/(Cr + Al + Ti).

Die Messungen der Haupt- und Spurenelemente ergaben folgende Ergebnisse:

a. Spätkristallisierte Spinelle ohne Kontakt zu Ilmeniten zeigen konstante Zusammensetzungen

b. Spätkristallisierte Spinelle mit Kontakt zu Ilmeniten zeigen einen reversen Zonarbau, Ilmenite sind dagegen nicht zonar gebaut. Die FFM-Werte der Spinelle und der Ilmenite bleiben konstant. Bezüglich der Zr-Verteilung können in dieser Gruppe zwei Fälle unterschieden werden: i) Plateaus der Zr-Konzentration sowohl im Ilmenit (ca. 240 ppm) und im Spinell (ca. 65 ppm). Diese Paragenesen scheinen vollständig äquilibriert zu sein; ii) kontinuierlicher Abfall des Zr-Wertes im Ilmenit zum Spinellkontakt, kontinuierlicher Abfall des Zr-Wertes im Spinell vom Ilmenitkontakt.

Diese Diffusion kann nicht als normale Subsolidus- Äquilibrierungsreaktion während der Abkühlung gedeutet werden, sondern muß als Rückdiffusion des Zr aus den Ilmeniten in die Spinelle infolge einer Temperaturerhöhung angesehen werden.

3.3.11 Art und Rate der Abkühlung des Grundgebirges aus Isotopenaltern von Mineralpaaren – Biotit/Muskovit und Biotit/Hornblende (Hans Lippolt)

Bei variszischen oder höheren Altern liegen die Altersdifferenzen zwischen einzelnen Bestimmungen an Mineralpaaren in derselben Größenordnung (%) wie die Fehler der Bestimmungen selbst. Ihre Interpretation als Abkühlalter wird daher schwierig. Als Alternativen kommen für die Dateninterpretation Intrusions- bzw. Bildungsalter oder Alter potentieller Umwandlung in Betracht.

Zur Interpretation der Hornblende-Biotit-Diskordanz wurden ^{40}Ar/^{39}Ar-Stufenentgasungs-Altersbestimmungen an Hornblende und Biotit aus Gesteinen des Bergsträßer Odenwalds durchgeführt. Die so datierten Hornblenden ergaben Gesamtargonalter zwischen 316 und 330 Ma und Plateau-Alterswerte zwischen 328 und 336 Ma, wie erwartet. Die Glimmer aus den basischen Gesteinen (mit nur 2,8 bzw. 4,5% K, Verwachsung mit K-armen Schichtgittermineralen) liefern jedoch ^{40}Ar/^{39}Ar-Spektren ohne Plateaus, die partiell oberhalb der Hornblende-Plateaus verlaufen. Ihre Gesamtargonalter sind gleich wie bzw. höher als die Hornblende-Gesamtargonalter, also im Widerspruch zur Erwartung. Letztere wird nur durch die Plateau-Alter der Mineralpaare aus den Granodioriten bestätigt, während die Altersrelation der Mineralpaare aus den Porphyriten genau invers zur Erwartung ist.

Da diese Ergebnisse nicht auf Meßunsicherheiten zurückgeführt werden konnten, waren sie zusammen mit anderen Beobachtungen an Schwarzwälder Proben Anlaß für systematische Studien (vgl. auch Abschnitte 3.1.6 und 3.3.4): Biotit und vor allem die K-armen Verwachsungs-Biotite sind ungeeignet für die ^{40}Ar/^{39}Ar-Datierung, zumindest für deren Stufenentgasungsvariante. Nach Hess et al. (1987) sind die scheinbaren Alterserhöhungen proportional zum Kaliumdefizit; demnach müßte z. B. das Biotit-Gesamtargonalter des Gabbros um ca. 2% erniedrigt worden sein, das des Diorits um 1% und diejenigen der anderen vier Biotite um ca. 0,5%. Das ändert aber nicht entscheidend das Ergebnis, nach dem eine Probe die erwartete Diskordanz bestätigt, drei Altersgleichheit der beiden Minerale zeigen und zwei (die beiden Porphyrite) derzeit nicht eindeutig erklärbare inverse Diskordanzen aufweisen. Langsame regionale Abkühlung während des frühen Oberkarbons kann also nach diesen Daten nicht für die ganze Region des Bergsträßer Odenwaldes postuliert werden. Die derzeit abschätzbaren Abkühlungsraten sind 100 °C/Ma für die Gesteine ohne erkennbare Altersdiskordanz und ca. 25 °C/Ma für den Granodiorit Oberflockenbach.

3.3.12 Plagioklas-Serizitisierung und Plagioklas- sowie Serizit-Retentivität für Argon (Hans Lippolt)

Ausgehend von scheinbar mesozoischen K-Ar-Altersdaten an serizitisierten Plagioklasen des NE-Odenwaldes stellt sich die Frage, wie eine derartige Diskrepanz zu den sonstigen Alterswerten der Region erklärt werden kann, ob durch spätere Bildung des Serizits (episodisch oder quasikontinuierlich?) oder durch Verluste radiogenen Argons aus einer oder aus beiden Komponenten. Zwei Wege bieten sich an:

— Messung der K-Ar-Alter der beiden Komponenten für jeweils regional repräsentative Probensuiten unter Verwendung der ^{40}Ar/^{39}Ar-Technik. Dabei besteht das Problem, daß wegen der geringen Korngrößen jeweils nur Mineralanreicherungen untersucht werden können, was Extrapolationen nötig macht.

– Bestimmung der Ar-Diffusivität von plutonischem Plagioklas und von Serizit sowie Erstellung von Temperaturmodellen der jeweiligen Gesteinsentwicklung.

An basischen Gesteinen des Odenwalds und des Schwarzwalds sowie Gesteinen des Ballachulish-Granit-Komplexes (Schottland) wurden $^{40}Ar/^{39}Ar$-Altersbestimmungen durchgeführt und die Abhängigkeit der Altersergebnisse vom Serizitisierungsgrad und vom Kalium-Gehalt der Proben untersucht. Aus den $^{40}Ar/^{39}Ar$-Entgasungsexperimenten am Plagioklas ließen sich Ar-Diffusionsparameter als Funktion der Temperatur gewinnen. Für Serizit sind derzeit hydrothermale Diffusionsstudien in Bearbeitung (vgl. Abschnitt 3.3.4).

Auf der Grundlage der vorliegenden Daten wird ausgeschlossen, daß die Alterserniedrigung auf temperaturabhängige, quasikontinuierliche Argonverluste aus Plagioklas oder Serizit zurückgehen. Die Schließtemperaturen für Ar liegen höher als die abgeschätzten maximalen Gebirgstemperaturen. Postintrusive bzw. postmetamorphe episodische Serizitbildung unter metasomatischer Stoffzufuhr ist angezeigt, während variszische und rezente Serizitisierung als unwahrscheinlich angesehen werden müssen. Modellüberlegungen ergaben als Zeit der Serizitbildung im Frankensteinmassif (Odenwald) Jura und für verschiedene Teile des Metamorphikums des Schwarzwaldes Trias- bis Kreide-Alter. Im Ballachulish-Komplex ist die Serizitisierung in zeitliche Nähe zur Intrusion zu setzen.

3.3.13 Kinetik des Schwefelaustauschs zwischen Sulfiden und Fluiden (Harald Puchelt)

Nach der Ablagerung von Sulfiden kann es zu einer Änderung der Isotopenverteilung durch Austausch mit einer fluiden Phase kommen. Die Kinetik dieses Austauschs wurde für synthetische Sulfide PbS, ZnS, HgS und die natürlichen Sulfide Bleiglanz und Zinkblende in Gegenwart einer fluiden Schwefelphase als Funktion der Temperatur bestimmt.

Als mögliche Mechanismen für den Austausch wurden Oberflächenreaktionen und Festkörperdiffusion angenommen. Der für die synthetischen Sulfide experimentell gewonnene Kurvenverlauf ließ sich bei einer Überlagerung von zwei Oberflächenreaktionen durch einen Diffusionsprozeß rechnerisch simulieren. Aus der Temperaturabhängigkeit der Geschwindigkeitskonstanten der Reaktion und Diffusionskonstanten berechnen sich folgende Aktivierungsenergien:

	ZnS	PbS	HgS
1. Oberflächenreaktion	n.b.	n.b.	1,46 eV
2. Oberflächenreaktion	0,25	0,71	1,64 eV
Festkörperdiffusion	0,62	1,21	2,8 eV

Bei den Versuchen mit natürlichen Sulfiden wurden eine Reaktionshemmung und eine nicht reproduzierbare Oszillation der Meßwerte beobachtet. Diese Effekte können auf Gitterstörungen zurückgeführt werden, wenn man die natürlichen Sulfide als mit Fremddionen dotierte, reine, synthetische Sulfide betrachtet. Bei der Verwendung von Schwefelisotopenverteilungskoeffizienten in Sulfidparagenesen für die Geothermometrie sind aufgrund dieser Ergebnisse folgende Aspekte zu berücksichtigen:

- Die Aktivierungsenergien für die Diffusion von Schwefelisotopen liegen in einer Größenordnung, die eine Schwefelisotopenäquilibrierung, also eine Thermometerrückstellung, auch bei niedrigen Temperaturen in geologischen Zeiträumen wahrscheinlich macht. Die Äquilibrierung muß nicht mit einer petrographisch sichtbaren Umkristallisation verbunden sein.
- Die Eichkurven für Mineralpaargeothermometer werden im Experiment an möglichst reinen Sulfiden erstellt. Ihre Anwendung auf natürliche Sulfidparagenesen kann zu falschen Ergebnissen führen, da durch Gitterfehler im natürlichen Sulfid die Gleichgewichtslage der Isotopenverteilung gegenüber der im reinen Sulfid verschoben sein kann.

3.3.14 Mechanismus des Isotopenaustauschs in Metamorphiten (Borwin Grauert)

Die Untersuchungen sollten die Kenntnis über die Kinetik des Isotopenaustauschs von Sr und Nd bei der Regionalmetamorphose verbessern. Die Isotopenhomogenisierung dieser Elemente innerhalb und zwischen den Mineralen eines Gesteinsvolumens ist die Voraussetzung für die Anwendung der Rb-Sr-bzw. Sm-Nd-Methode zur Altersbestimmung von Vorgängen bei der Gesteinsmetamorphose. Dies führt deshalb immer wieder zu der Frage nach der Art des Prozesses, der für den Isotopenaustausch in erster Linie wirksam war, und somit das eigentlich datierte Ereignis darstellt. Darüber hinaus wurde versucht, Information über die Größe des effektiven Transportkoeffizienten zu erlangen.

Es wurden polymetamorphe Gesteine untersucht, wobei sich das Interesse vor allem auf den Isotopenaustausch während des letzten Ereignisses konzentrierte. Um Aussagen zur Kinetik zu ermöglichen, kamen besonders heterogene Proben zur Analyse, für die von vornherein anzunehmen war, daß bei der letzten Metamorphose keine Homogenisierung der Isotopenverhältnisse erreicht wurde. Für die Untersuchungen wurden zunächst bevorzugt feingebänderte Gneise der oberen Grünschiefer- und Amphibolitfacies aus den pampinen Sierren NW-Argentiniens sowie granulitfacielle Gneise aus den Charnockitgebieten

Südindiens verwendet. Später wurden auch Gneise aus anderen Regionen mit einbezogen. Die Isotopenuntersuchungen an 6 bis 30 cm langen eindimensionalen Kleinbereichsprofilen quer zum Lagenbau der Gneise wurden in einigen Fällen durch lückenlose Profile für die Hauptelementkonzentrationen sowie durch Elektronenstrahl-Mikrosonden (EMS)-Analysen der Minerale ergänzt. Bei einigen der Profile wurden auch Isotopenanalysen an Mineralseparaten durchgeführt.

Bei der Analyse der Isotopenverteilung in einigen Kleinbereichsprofilen und deren Darstellung in zeitlich variierten Profildiagrammen wurde deutlich, daß sich auch Ungleichgewichtsverteilungen für eine Datierung eignen. Durch den Isotopenaustausch bei der Metamorphose erfolgt nämlich in den Fällen, bei denen zwar keine vollständige Isotopenhomogenisierung erreicht wird, doch im allgemeinen eine „Glättung" der durch den vorausgehenden radiogenen Zuwachs bedingten „Unebenheit" der $^{87}Sr/^{86}Sr$- bzw. $^{143}Nd/^{144}Nd$-Verteilung. Die Berücksichtigung der Rb/Sr- bzw. Sm/Nd-Verhältnisse liefert zudem Kriterien, die es erlauben, zwischen möglichen und unwahrscheinlichen Isotopenverteilungen im Profildiagramm zu unterscheiden. Die konventionelle Isochronenmethode ist dagegen streng genommen nicht geeignet, weil sie die räumliche Beziehung der Proben nicht berücksichtigt.

Zum Mechanismus des Isotopenaustauschs: Bei der Untersuchung der Kleinbereichsprofile aus den verschiedenen Gebieten stellte sich heraus, daß einige der Prozesse im Zusammenhang mit der Metamorphose, wie z. B. Deformation, Umkristallisation, Temperung und Fluidtransport, von denen häufig angenommen wird, daß sie den Isotopenaustausch sehr wirksam fördern, nur von untergeordneter Bedeutung gewesen sein können. So fanden sich selbst in Gesteinen der tiefen Unterkruste mitten im Bereich mineralogischer Gleichgewichtsparagenesen der Granulitfacies ohne Reliktminerale ausgeprägte isotopische Ungleichgewichte mit steilen Gradienten im mm- bis cm-Bereich. Die gleiche Feststellung ließ sich auch für getemperte Gneise Argentiniens mit gut ausgeprägten Gleichgewichtsgefügen machen. Diese Beobachtungen legen deshalb den Schluß nahe, daß selbst langzeitige Temperaturerhöhung in der Unterkruste während möglicherweise 300 Ma sowie das Mineralwachstum keine wirksamen Prozesse für den Isotopenaustausch über den Mineralkornbereich hinaus darstellen, wenn sie ohne gleichzeitige und weiterreichende Stoffumlagerung erfolgen (bei der ersten Metamorphose von Sedimenten, die hier nicht untersucht wurde, können die Reichweiten allerdings sehr viel größer sein).

Die in Teilbereichen der polymetamorphen Gesteine erkennbare Isotopenhomogenisierung über Distanzen von einigen cm bis dm ist anscheinend durch selektive Deformation, möglicherweise unter Beteiligung einer H_2O-reichen fluiden Phase, bedingt. Allerdings verhalten sich hier die Rb-Sr- und Sm-Nd-

Systeme nicht gleich. So ergaben sich für 2,5 Ga alte Gneise der indischen Charnockitgebiete, die aus sehr viel älteren Ausgangsgesteinen hervorgegangen sind, gut definierte Rb-Sr-Isochronen, während die Nd-Isotopendaten derselben Proben stark um Referenzisochronen streuen.

Zur Diffusion von Sr und Nd: Die an Gesteinsgrenzen wie z. B. Gneis/Kalksilikatfels ermittelten Isotopenverteilungen für die Zeit der Metamorphose wurden mit Diffusionsmodellen verglichen. Da sich zuverlässige Aussagen über die Dauer der wirksamen Diffusion für die untersuchten Gebiete nicht machen lassen, wurde bei den Modellrechnungen nur das Produkt aus effektivem Transportkoeffizienten und Dauer der Diffusion (D*t) variiert. Die am besten angepaßten Modellprofile an Gesteinsgrenzen ergaben für Sr Werte von 0,1–0,3 cm² (in den Charnockiten von 3 cm²) und für Nd um 0,06 cm².

In all diesen Fällen wurde davon ausgegangen, daß es sich um Selbstdiffusion von Sr bzw. Nd nach der letzten Mineralbildung handelt. Dies ist jedoch keineswegs gesichert. Auch wenn die meisten Isotopenverteilungen gut ausgeprägte S-förmige Kurven aufweisen, so lassen sich diese auch als das Ergebnis einer Durchmischung z. B. bei metasomatischem Sr-Transport erklären. Für das letztere sprechen in einigen Fällen die Konzentrationsverteilungen von Sr und Nd. Allerdings bleibt zu bedenken, daß bei einer Deutung als Mischungsprofile sich für die Transportkoeffizienten unrealistisch niedrige Werte ergeben.

Untersuchungen an Granat: Die Sr-Isotopenuntersuchungen an ganzen und „abgeschälten" Almandingranaten aus den Bändergneisen Argentiniens haben ergeben, daß der Granat entgegen früheren Aussagen schon während einer älteren Regionalmetamorphose entstanden sein muß. Selbst in den Gebieten, in denen die letzte Metamorphose die Isotopenverteilung in den Gneisen völlig neu eingestellt hat, finden sich in den Granatkernen noch Isotopenverhältnisse als Relikte aus der Zeit der Kristallisation des Granats. Abschätzungen zur Selbstdiffusion von Sr im Granat und dessen Wirtsgestein aufgrund der beobachteten Ungleichgewichtsverteilungen ergaben für die effektiven Transportkoeffizienten Unterschiede von etwa vier Größenordnungen zwischen Granat und Gneis.

3.4 Gleichgewichte und Kinetik in einer kontaktmetamorphen Aureole: Der Ballachulish-Komplex und seine Rahmengesteine

Der Testfall für alle Experimente und Modelle zur Kinetik von mineral- und gesteinsbildenden Reaktionen wird immer in der Anwendbarkeit der Daten und Konzepte auf natürliche Prozesse liegen. Diese sind jedoch unter anderem wegen der komplexen Mineralchemismen, der polythermen Geschichte, der nicht leicht rekonstruierbaren Rolle der fluiden Phasen und der meist langen Zeiten häufig nicht einfach zu beurteilen. Daher wurde versucht, durch eine Kombination möglichst vieler Verfahren in Form einer Kooperation zahlreicher Arbeitsgruppen an *einem* Gesteinsvorkommen die thermische Geschichte und ihren Einfluß auf Strukturzustände, Mineralchemismen, Mineralparagenesen, Gefüge, Isotopenverteilung etc. zu bestimmen und sie den geophysikalischen Modellrechnungen gegenüberzustellen. Da die Erfassung kinetischer Parameter die Kenntnis der Gleichgewichte voraussetzt, mußten auch diese im natürlichen Fall studiert werden.

Für die Untersuchungen wurde der magmatische Komplex des Ballachulish-Plutons (Schottland) und seine Aureole ausgesucht. Er bietet unter anderem den Vorteil einer relativ einfachen Geometrie, einer großen Mannigfaltigkeit verschiedener Gesteine in der Kontaktaureole und eines gut definierten regionalmetamorphen Ausgangszustandes der Gesteine vor der Kontaktmetamorphose.

Die Kombination der von den Arbeitsgruppen des Schwerpunktprogramms durchgeführten Arbeiten mit denen des Grant Institute of Geology, University of Edinburgh, Schottland (insbesondere Harte, Pattison) führte zu einer umfassenden Beschreibung des Plutons und seiner Aureole, die zur Zeit als Buch im Druck ist (G. Voll, J. Töpel, D. Pattison, F. Seifert (Herausgeber): Equilibrium and Kinetics in Contact Metamorphism: The Ballachulish Igneous Complex and its Aureole, ca. 600 S., Springer-Verlag 1990). Es seien hier nur die im Schwerpunkt geförderten Projekte dargestellt sowie eine Zusammenfassung der Ergebnisse des Gesamt-Projekts.

3.4.1 Kristallisationsverlauf im Ballachulish-Pluton (Georg Troll)

Der zonierte kaledonische Intrusivkomplex von Ballachulish schuf innerhalb der regionalmetamorphen Metasedimente des Dalradian eine thermische Aureole mit Temperaturen von 450 bis 840 $\pm$ 50 °C bei P_{fluid} = 3 $\pm$ 0,5 kbar.

Der zweiphasig intrudierte Komplex ist aus einem gürtelförmigen Dioritkörper mit deutlichem Fließ- und Deformationsgefüge und einem Granitkern mit hybriden Rändern aufgebaut. Unterschiedliche Rheologie und Erstarrungsabfolge von Diorit und porphyrischem Granit führten entweder zu scharfen Intrusivkontakten oder aufgrund von Magmenmischung von Leukodiorit und hybridem Granodiorit zu Übergangszonen.

Klassische Methoden der Kartierung im Maßstab 1 : 10 000, der Probenahme und der Dünnschliff-Mikroskopie bildeten die Grundlage für Analysen mit der Elektronenstrahl-Mikrosonde und der Röntgenfluoreszenz-Spektrometrie und führten schließlich zur rechnergestützten Auswertung der Daten und ihrer Darstellung in Isolinienkarten der arealen Verteilung.

Die magmatischen Fließgefüge konnten aus der dreidimensionalen Orientierung metapelitischer Xenolithe und von Adkumulusmineralen (Pl, Opx, Cpx, $\pm$ Amph, $\pm$ Bi) abgeleitet werden. Das führte zu einer Gliederung des Dioritkörpers in vier Subzonen:

1. Opx-Cpx-Monzodiorit (Qz < 2,5 Vol.%)
2. Opx-Cpx-Qz-Monzodiorit (Qz > 3 Vol.%)
Diese zwei Meladiorite zeigen ein deutliches Adkumulusgefüge von Plagioklas und Pyroxenen, es bildet die zylindrische Abkühlungsfront ab, die subvertikal zum Zentrum hin einfällt.
3. Cpx-Amph-Quarzdiorit (Cpx > 1,5 Vol.%)
4. Cpx-Amph-Quarzdiorit (Cpx < 1,5 Vol.%)

Die teilweise geschmolzenen metapelitischen Xenolithe treten nur in den Subzonen 3 und 4 auf. Die Platznahme des Granitdiapirs in die noch flüssigen zentralen Teile des Dioritplutons wurde durch rotationale Scherbewegungen und Subsidenzen in der Oberkruste, die wahrscheinlich mit der Extrusion eines wasserreichen rhyodazitischen Magmas verknüpft waren, gefördert.

Zwei-Pyroxen-Thermometrie, Thermobarometrie an Fe-Ti-Oxiden und Stabilitätsbeziehungen der ternären Feldspäte, Amphibole und Biotite dienten der Festlegung der Kristallisationsabfolge in monzodioritischen und granitischen Systemen und wurden als Funktion der Gesamtgesteinschemie, der Mineralzusammensetzung, der Sauerstoff-Fugazität und des ursprünglichen Wassergehaltes des Magmas gedeutet. Liquidus- und Solidustemperaturen dieser Systeme wurden von synthetischen auf natürliche Systeme unter Verwendung veröffentlichter experimenteller Ergebnisse extrapoliert. Intrakristalline Entmischungen (Kornentmischung in Pyroxenen und Oxiden, Lamellenentmischung in Pyroxenen und Feldspäten) deuten an, daß nicht unbedingt immer ein thermodynamisches Gleichgewicht geherrscht hat.

66

In den „trockenen" Intrusivgesteinen haben sich metastabile Hochtemperaturzustände vorzugsweise in Orthopyroxen und Alkalifeldspat erhalten. Die thermometrischen Daten für Hypersthen zeigen eine wohl adiabatische Unterkühlung des Monzodioritmagmas um ca. 50 °C während eines Platznahmestadiums in etwa 10 km Tiefe an. Am südöstlichen Kontakt ist ein abgeschreckter Rand eines weitgehend flüssigen Magmas ausgebildet. Gestalt und Zusammensetzung beider Pyroxene weisen auf eine metastabile Kristallisation einer um 200 bis 300 °C unterkühlten Schmelze hin.

Vom inneren zum äußeren Rand des Hypersthendioritgürtels nimmt die Keimbildungsdichte beider Pyroxene und des Plagioklases stark zu; das ist mit deutlichen Änderungen in der Kristallisationsfolge verbunden. Ein Anstieg der Abkühlungsraten von >0,03 bis 0,02 °C/Jahr innen auf <4 bis 0,8 °C/Jahr außen dürfte für diese Variation verantwortlich gewesen sein. Die Hypersthenkristallisation in den Alkalidioriten scheint besonders empfindlich auf Ungleichgewichtszustände zu reagieren, die durch Abkühlungsraten von 0,1 bis 0,5 °C/Jahr verursacht werden. Das führt zu einer metastabilen Unterdrückung der Hypersthenkeimbildung, zu einer kinetischen Überschreitung des Temperaturbereichs der maximalen Wachstumsrate und schließlich zu einem Spitzenwert der Keimbildungsrate, indem Hypersthen offensichtlich um 100 bis 300 °C unter der erwarteten Gleichgewichtstemperatur kristallisiert. Das mag mit dem Fehlen eines vollständigen Austauschgleichgewichts zwischen Hypersthen und Augit zusammenhängen: Die beobachtete Variation von Korngröße und Morphologie beider Pyroxene ist auf einen Wechsel des korngrenzenkontrollierten Wachstums in einem nahezu erreichten Gleichgewicht, während dessen idiomorphe Primärkristalle ausfallen, und auf ein diffusionskontrolliertes Ungleichgewichtswachstum an den abgeschreckten Kontakträndern zurückzuführen, wo ein subophitisches Cpx-Pl-Gefüge mit Skelettaugiten und zahlreichen Hypersthenaggregaten ausgebildet ist.

Die Abkühlungsgeschichte umfaßt als isobare Kristallisation folgende Stadien:

— Platznahme eines verhältnismäßig „trockenen" und beweglichen Monzodioritmagmas unter einem Gesamtdruck von 3 ± 0,5 kbar (D.I. = 49–53, H_2O ca. 1 Gew. %, T ca. 1000–1050 °C). Der Gesamtdruck wurde aus den kontaktmetamorphen Paragenesen abgeleitet. Die Kristallisationstemperaturen der Opx-Cpx-Paare reichen von 1050 bis 1020 (±60) °C für die großen Einsprenglingskristalle und von 840 bis 750 °C für die Grundmasse der quarzfreien Pyroxen-Monzodiorite (für ternären Alkalifeldspat T = 900 bis 850 ± 50 °C; für Ilmenit und Titanomagnetit T = 880 ± 80 °C). Subsolidusphasen weisen auf Bildungstemperaturen von 770 bis 760 ± 15 °C hin.

- Fraktionierte Kristallisation von Monzodiorit aufgrund von subvertikalen Adkumulus-Fließgefügen und von Metapelitassimilation am Rand und Dach begünstigte die Ausbildung quarzdioritischer Zusammensetzungen (H_2O = 1,5 bis 3 Gew.%; pyroxenfrei) und führte zu Biotit (T = 850 ± 40 °C), aktinolithischem Amphibol (T < 750 ± 50 °C) und Quarz (740 ±25 °C) als Liquidusphasen und zur Sättigung der Restschmelze an Fluiden über einer Solidustemperatur von 690 bis 680 ± 10 °C.
- Die mögliche Extrusion eines rhyodazitischen Magmas von 850 bis 800 °C wurde von der Platznahme eines viskosen Granitbreies (H_2O = 3 ± 0,5 Gew.%, T = 670 ± 10 °C für pH_2O = 3 kbar) abgelöst. Er enthielt 10 bis 20 Vol.% Alkalifeldspat-Großkristalle sowie Plagioklas und Biotit (T = 870–820 °C).

Schließlich schied im Kern des Granits eine kotektische rhyolithische Schmelze (H_2O = 6–7 Gew.%, T ≥ 665 ± 10 °C für p_{H_2O} = 3 kbar) einen aplitischen Leukogranitkörper aus.

3.4.2 Magnetische Untersuchungen zur Form des Ballachulish-Intrusivkörpers (Rudolf Meissner)

Für die Berechnung des Wärmeinhalts und der Wärmeausbreitung im Kontakthof des Ballachulish-Plutons (s. Abschnitt 3.4.8) ist die Kenntnis der Geometrie des Körpers von entscheidender Bedeutung. Es wurden daher Kartierungen der magnetischen Totalintensität durchgeführt. Für den Südteil des Plutons konnte aus diesem Datenmaterial eine Magnetikkarte erstellt werden. Der geologisch kartierte Verlauf des Außenkontakts konnte mit Hilfe dieser Karte teils verifiziert, teils korrigiert werden. Durch magnetische Modellrechnungen ließ sich für einige ausgewählte Profile das aufgrund der geologischen Kartierung postulierte steile Einfallen von Außenkontakten und plutoninternen Grenzflächen bestätigen.

Die Auswertung aeromagnetischer Daten des British Geological Survey erlaubte darüber hinaus die Abschätzung der Tiefenerstreckung des Plutons zu ca. 4 km Minimaltiefe. Mittels weiterer dreidimensionaler Modellrechnungen konnte u. a. geschlossen werden, daß die im Norden und Süden des Ballachulish anstehenden Quarzdiorite sich halbringförmig im Westen oberflächennah unter der metamorphen Überdeckung fortsetzen.

3.4.3 Entordnung und Rückordnung von (K,Na)-Feldspäten bei Heizung und Abkühlung in Kontakthöfen magmatischer Körper (Herbert Kroll, Gerhard Voll)

Der Ballachulish-Pluton intrudierte in Quarzite, die grobkörnige klastische K-Feldspäte enthalten. Diese waren während der vorhergehenden kaledonischen Metamorphose sämtlich in eine strukturell homogene Population von Tief-Mikroklin umgewandelt worden. Durch Heizung in der Kontaktaureole wurde Tief-Mikroklin partiell oder vollständig in Sanidin umgewandelt, der seinerseits während der Abkühlung in metastabilen Orthoklas oder intermediären Mikroklin transformiert wurde. Bei Annäherung an den Intrusionskontakt erscheint Orthoklas zuerst in einem Abstand von ca. 1900 m vom Kontakt. Dort muß die Maximaltemperatur während der Kontaktmetamorphose die Temperatur der Mikroklin-Sanidin-Umwandlung von ca. 450 bis 500 °C überschritten haben. Zum Kontakt hin nimmt über einen Bereich von ca. 800 m der Anteil von Orthoklas relativ zu dem von Tief-Mikroklin exponentiell zu. Diese Übergangszone kann dadurch verursacht sein, daß während steigender Temperaturen ein Zweiphasenfeld Mikroklin-Sanidin durchquert wurde. Ebenso könnte das Überheizen der Phasenumwandlung die Übergangszone verursacht haben. Zwischen 1100 m und dem Kontakt wurde Tief-Mikroklin vollständig in Sanidin umgewandelt, der in Orthoklas und intermediären Mikroklin rückordnete.

Die Transmissions-Elektronen-Mikroskop-Untersuchung der K-Feldspäte läßt drei Typen von Mikrotexturen unterscheiden: (1) distinkte, scharfe Mikroklin-Gitterung, bezeichnet als regulärer Mikroklin, (2) diffuse, unregelmäßige und chaotische, meist nach Albit-Gesetz verzwillingte Texturen, bezeichnet als irregulärer Mikroklin, (3) Tweed-Texturen, bezeichnet als Tweed-Orthoklas. Die Texturen vom Typ (1) ergeben beim Röntgen ein Tief-Mikroklin-Diagramm, Texturen vom Typ (2) entsprechen röntgenographisch intermediärem Mikroklin oder (X-ray) Orthoklas, Texturen vom Typ (3) ergeben ausschließlich (X-ray) Orthoklas.

Die chaotische mikrotexturelle Erscheinung von intermediärem Mikroklin, der sich nicht durch Vergröberung der Tweed-Textur aus Orthoklas entwickelt, sondern selbständig keimt, führt zu der Annahme, daß die Umwandlung von Tief-Mikroklin in Sanidin eine Transformation erster Ordnung ist.

Kinetische Studien des Al,Si Ordnungs-Unordnungs-Prozesses zeigen, daß sogar die langsame Abkühlungsrate in der Kontaktaureole (800 °C bis 450 °C in ca. 0,8 Ma, Buntebarth, pers. Mitt.) zu schnell ist, als daß Sanidin sich in Orthoklas ordnen könnte, wenn kein Wasser anwesend ist. Ein partieller Wasserdampfdruck von einigen 100 bar würde aber genügen, um zu verhindern, daß der strukturelle Zustand des Sanidins während des Abkühlungsprozesses einfriert.

3.4.4 Wärmezufuhr und Quarzkornvergröberung durch statische Sammelkristallisation an Ballachulish-Granit- und Glen-Coe-Ringintrusion (Günter Buntebarth, Gerhard Voll)

Die Intrusion des Ballachulish-Plutons heizte die Metasedimente des Balla-chulish-Dalradian, zu denen auch der Appinquarzit gehört. Er ist ein strö-mungsgeschichtetes, ca. 300 m dickes Sedimentpaket. Es wurde während der kaledonischen Faltung schwach bis sehr stark deformiert. Dies fand bei ca. 450–480 °C statt. Je nach Ausmaß der Deformation rekristallisierte der Quarz syndeformativ mehr oder weniger. Zwischen ca. 1000 und 700 m vom Kontakt spürt man die ersten Heizeffekte der Intrusion in einer leichten Kornverkleine-rung. Sie kommen zustande durch Weiterführung der Polygonisierung. Hierbei erwerben Subkörner stärkere Desorientierung und umgeben sich mit Großwin-kelkorngrenzen. Sie sind nun völlig undeformiert und bilden die Keime für die nachfolgende Vergröberung. Diese reicht von 750 m bis an den Kontakt und vergröbert den Korndurchmesser (Medianwert von Dünnschliff-Summen-kurven) von 0,143 auf 1,019 mm (Abb. 12). Die wahre Vergröberung erfolgt also auf das 360fache Kornvolumen.

Die Vergröberung erreicht den maximal möglichen Wert, wo das Gestein nur Quarz enthält (z. B. in rekristallisierten Quarzgängen). Andere Minerale – hier Feldspäte – hemmen das Größenwachstum durch Einführung neuartiger Korngrenzen und damit einer größeren Streuung der Freien Grenzflächenener-gie. Daher bleiben Quarze in immer feldspatreicheren Lagen sukzessive kleiner, Gerölle in einer feldspatreichen Matrix sind von wesentlich stärker vergröberten Quarzen erfüllt.

Das scharfe Einsetzen der Vergröberung bei ca. 750 m spricht für eine Schwellentemperatur, die bei dieser Entfernung erreicht wird. Je nachdem, wel-ches Intrusionsmodell betrachtet wird, kann die dort erreichte Maximaltempe-ratur bei 500 °C im Falle einer Ringintrusion oder bei 620 °C im Falle einer Voll-zylinderintrusion liegen. Die petrographisch ermittelten Isograden unterstützen im wesentlichen das Vollzylindermodell. Die hier festgestellte Schwellentempe-ratur ist nicht auf andere Heizvorgänge übertragbar, denn als niedrigster Wert bei orogener Aufheizung muß nach Ergebnissen in den Alpen eine Temperatur von etwa 300 °C angesehen werden. Das Einsetzen der Vergröberung bei einer bestimmten Temperatur ist von der Gesamtheizdauer abhängig.

Weil keine stationären Heizbedingungen vorliegen, kann kein Arrheniusdia-gramm zur Ermittlung der Aktivierungsenergie genutzt werden. Es wurde da-her für die Kornvergröberung ein kinetisches Gesetz hergeleitet, das die zeitlich variable Reaktionstemperatur beschreibt. Unter Verwendung dieses Formalis-

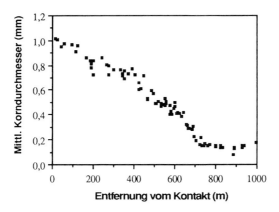

Abb. 12: Mittlerer Korndurchmesser im Appinquarzit in Abhängigkeit von der Entfernung zum Kontakt des Intrusivkörpers.

mus steht der beobachtete Kornvergröberungsverlauf mit dem Temperaturverlauf sowohl beim Ring- als auch beim Vollzylindermodell in Einklang, wenn die Aktivierungsenergie $E = 8,2 \pm 1$ kcal/mol und der Präexponentialfaktor $k_{max} = 0,28 \pm 0,1$ a^{-1} beträgt.

3.4.5 Reaktionsmechanismen natürlicher Dekarbonatisierungsreaktionen in den Thermoaureolen von Ballachulish und Monzoni (Ludwig Masch)

Ziel der Arbeiten war es, die Reaktionsmechanismen natürlicher Dekarbonatisierungsreaktionen in unreinen Karbonaten zu bestimmen. Hierzu wurden vergleichende Untersuchungen an den Aureolen von Ballachulish und Monzoni (Alpen) durchgeführt.

Für die *Ballachulish-Aureole* mußte zunächst die Phasenpetrologie vollständig erarbeitet und die thermische Geschichte der Proben mit Mg-Calcit-Thermometrie bestimmt werden. Die Auswahl eines Modells der Intrusion (Zylinder-Modell, s. Abschnitt 3.4.8) basiert auch auf diesen thermometrischen Arbeiten.

Die unreinen Karbonate der Ballachulish-Aureole gliedern sich in kieselige Dolomite, unreine Kalksteine und Kalksilikatfelse. Die Metamorphose ist im Modellsystem $CaO-MgO-SiO_2-H_2O-CO_2$ beschreibbar. Entsprechend dem Gesamtchemismus werden verschiedene Folgen von Dekarbonatisierungsreaktionen durchlaufen. Bedingt durch das sehr begrenzte Vorkommen von Karbonaten sind die Folgen in der äußeren Aureole nur lückenhaft dokumentiert.

Die prograde Metamorphose ist durch eine Temperatur-X_{CO_2}-Entwicklung entlang der univarianten Reaktionskurve und das Erreichen des invarianten Punktes mit den fünf festen Phasen Calcit, Dolomit, Tremolit, Diopsid, Forsterit (Cal-Dol-Tr-Di-Fo) charakterisiert. Das X_{CO_2} beträgt 0,6 an diesem Punkt, die Temperatur 660 °C. Zu höheren Temperaturen verschiebt sich die Zusammensetzung der fluiden Phase zu sehr niedrigen X_{CO_2}-Werten. Die Temperatur am Kontakt beträgt 760 °C.

Die Fluidentwicklung ist das Ergebnis der Fluidproduktion der Dekarbonatisierungsreaktionen und der Fluidwanderung im chemischen Potentialgradienten. Ein Einfluß magmatischer Fluide ist nicht zu fordern. Dies wird durch Sauerstoff-Isotopendaten (Arbeitsgruppe Hoernes, vgl. Abschnitt 3.4.7) bestätigt. Die Mikrotexturentwicklung wurde an zwei spezifischen Dekarbonatisierungsreaktionen verfolgt. Von der Isograde mit Produkt- und Reaktandenparagenese in die Zone mit spezifischer Produktparagenese hinein ergibt sich ein Wechsel der Mikrostrukturen. Da dieser systematische Wechsel in der Monzoniaureole vollständiger belegt ist, wird er dort beschrieben.

Die metamorphe Entwicklung von Karbonaten der *Monzoni-Aureole* ist in kieseligen Dolomiten und Kalksteinen dokumentiert. Die Zusammensetzungen der untersuchten Gesteinslagen sind ebenfalls im Modellsystem CaO-MgO-SiO_2-CO_2-H_2O beschreibbar. Es zeigt sich eine TX_{CO_2}-Entwicklung entlang univarianter Reaktionskurven mit relativ hohen X_{CO_2}-Werten an der Grenze von äußerer zu innerer Aureole und einer starken Verschiebung des X_{CO_2} zum Kontakt hin. Die Minimum-Kontakttemperatur ist 700 °C. Der invariante Punkt Cal-Dol-Di-Tr-Fo wird hier nicht erreicht. Die Fluidentwicklung ist auch in Monzoni das Ergebnis der Fluidproduktion der Dekarbonatisierungsreaktionen und von Fluidmigration, ohne daß ein Einfluß magmatischer Fluide zu fordern ist. Das Nichterreichen des invarianten Punktes wird für Monzoni auf die infolge des niedrigeren Gesamtdrucks höheren nötigen X_{CO_2}-Werte zurückgeführt. Der Gesamtdruck liegt unter 0,5 kbar für Monzoni, im Gegensatz zu ca. 3 kbar für Ballachulish.

Die Mikrostrukturen spezifischer Dekarbonatisierungs-Reaktionen in der Monzoniaureole zeigen für die Forsterit-Calcit-Reaktion der inneren Aureole und die Talk-Calcit-Reaktion der äußeren Aureole einen systematischen Wechsel. Von der Isograde in die Zone hinein folgen auf Koronen granoblastische Texturen, Interpositionen und Lagen.

Ein konzeptionelles Modell wurde aufgestellt, das die relativen Geschwindigkeiten der Teilschritte der Reaktion − Auflösung der Reaktanden-Transport-Keimung und Wachstum der Produkte − auf die chemischen Potentialunterschiede zwischen festen Phasen und des Fluids bezieht. Dieses Modell unterstreicht die Bedeutung des Verhältnisses von Auflösungs- und Transportgeschwindigkeit und beinhaltet als Haupttypen den transportkontrollierten und den grenzflächenkontrollierten Mechanismus. Der transportkontrollierte Mechanismus ist durch einen chemischen Potentialgradienten charakterisiert. Dieser ist Voraussetzung zur Ausbildung von Koronen, wie sie an den Isograden beobachtet werden. Bei dem grenzflächenkontrollierten Mechanismus sind die Texturen aus diesem Modell nicht vorhersagbar. Granoblastische Strukturen entsprechen in ihrer Anordnung der Phasen, Korngröße und Kornform den Duplextexturen der Metallurgie und reflektieren die Tendenz zur Minimierung der Oberflächenenergie. Das gleiche gilt für Interpositionen, die Eutektoidtexturen gleichzustellen sind.

Der systematische Wechsel der Mikrotexturen im thermischen Gradienten ist nur verständlich, wenn angenommen wird, daß in beiden Thermoaureolen die Reaktion jeweils an der Isograde einsetzt, ohne daß eine wesentliche Überschreitung der Reaktionstemperatur eintritt. Der mehrfache Wechsel wie auch die Erhaltung der Mikrotexturen zeigt, daß in den Zonen die Dekarbonatisierungsreaktionen „fern" des Gleichgewichts ablaufen. Dies fördert die Ausbildung neuer Strukturen wie den Lagenbau. Die Ursache für die zunehmende Überschreitung in die Zonen hinein wird in der zeitlichen Änderung der Aufheizgeschwindigkeit gesehen. Im thermischen Maximum ist sie geringer als unterhalb. Isogradenproben haben nur bei der Maximumtemperatur reagiert, Zonenproben durchlaufen die Isogradentemperatur rascher, so daß es zur Überschreitung kommen kann.

3.4.6 Distorsionsindex und chemische Zusammensetzung von Cordierit in thermischen Kontaktgesteinen (Walter Maresch, Peter Blümel, Werner Schreyer)

Verschiedene Strukturzustände von Cordierit (hexagonal, rhombisch, evtl. intermediäre Zustände) können im Röntgenpulverdiagramm gemessen werden mit Hilfe des Distorsionsindex $\Delta = 2\Theta_{131}-(2\Theta_{511}-2\Theta_{421})/2$, der allerdings sowohl vom Al,Si-Ordnungsgrad als auch von der chemischen Zusammensetzung des Cordierits abhängt. Außerdem wird Δ verfälscht, wenn hexagonale und rhombische Cordierite koexistieren. Die Umwandlung von hexagonal nach rhombisch wird dadurch hervorgerufen, daß sich die Si,Al-Verteilung im Silikatgerüst, vom metastabilen hexagonalen, ungeordneten Hochcordierit ($\Delta = 0$) ausgehend, mehr und mehr ordnet. Somit können, anhand eines Vergleichs der gemessenen Distorsionsindices an Cordieriten in Gesteinsproben mit der Kinetik des Umwandlungsprozesses, Aussagen über den Temperatur-Zeit-Verlauf der Kristallisation eines Cordierits möglich werden.

Die Überprüfung der Distorsionsindices der Hornfels-Cordierite aus der Ballachulish-Aureole wurde angeregt durch eine Untersuchung des ähnlich dimensionierten Cupsuptic-Kontakthofs in Maine (USA), in welcher nach außen hin abnehmende Δ-Werte festgestellt wurden (Harwood und Larsen 1969). Im südlichsten Teil der Ballachulish-Aureole wurden vier Probenserien gesammelt und untersucht: (1) ein Hauptprofil über die hier ca. 575 m breite Aureole im rechten Winkel zum Kontakt, (2) ein subparalleles Nebenprofil hierzu ca. 300 bis 400 m weiter nordwestlich, sowie zwei breite Probenlinien ca. 1000 m lang (3) entlang des Intrusivkontaktes und (4) entlang der Cordierit-Isograde. Insgesamt lieferten 36 Proben Meßwerte des Cordierit-Distorsionsindex. Es wurden durchweg nur stark rhombisch verzerrte Cordierite ($0,24 < \Delta < 0,29°$) gefunden, die insgesamt auf sehr hohe Al,Si-Ordnung hinweisen, aber keine klaren Verteilungstrends zum Kontakt hin aufwiesen. Im Zeitraum des Projekts neu erarbeitete experimentelle Daten zur Kinetik des Cordierit-Umwandlungsprozesses (Putnis und Bish 1983, Langer und Stürzebecher 1983) bestätigten, daß die Temperaturen im Ballachulish-Kontakthof über zu lange Zeit zu hoch waren, um eine stets vollständige Umwandlung zu rhombischem Cordierit zu verhindern. Darüber hinaus zeigte die petrographische Bearbeitung der Ballachulish-Proben, daß die durch die Umwandlung in der Regel erzeugte, typische Drillingsbildung (z. B. Putnis und Holland 1986) fast nie zu erkennen ist. Es ist demnach unwahrscheinlich, daß in den Gesteinen der Ballachulish-Kontaktaureole jemals hexagonale Cordierite vorhanden waren. Vielmehr sind die Cordierite wohl primär als rhombische Keime im Stabilitätsfeld des Tiefcordierits stabil gewachsen, so wie dies anscheinend für alle regionalmetamorph gebildeten Cordierite gilt.

Nach den Ballachulish-Erfahrungen wurde der Schwerpunkt des Projekts auf drei andere Lokalitäten verlagert, von denen bereits Cordierite mit niedrigen Distorsionsindices bekannt waren. Es handelt sich hierbei um geologische Milieus mit kurzzeitigen Hochtemperatur-Heizverläufen: (1) das Vorkommen der Blauen Kuppe bei Eschwege, wo Tone des Buntsandsteins durch die Intrusion eines Basaltes z. T. regelrecht aufgeschmolzen wurden, (2) die Lokalität von Bokaro, Indien, wo brennende Kohleflöze Paralaven aus dem Nebengestein entstehen ließen, und (3) Cordierit-führende Xenolithe aus den Magmenkammern der Eifel-Vulkane. In diesen Fällen mußte das hochauflösende Transmissionselektronenmikroskop eingesetzt werden, da eng miteinander verwachsene Cordieritkristalle offensichtlich verschiedene intermediäre Strukturzustände aufweisen. Eine weitere Komplikation stellte der hier in natürlichen Cordieriten erstmals beobachtete beachtliche Einbau von 0,1 bis 0,3 Atomen Kalium pro Formeleinheit (18 O) dar.

Um der grundsätzlichen Bedeutung des Kaliumeinflusses gerecht zu werden, wurden parallel laufende Temperversuche von K-substituierten synthetischen

Cordieriten unternommen und mit hochauflösenden transmissionselektronen-mikroskopischen Methoden ausgewertet. Hier konnten markante Gefügeände-rungen als „Zeitmarken" nachgewiesen werden. So treten z. B. in Proben, die bei 1290 °C/1 bar getempert wurden, bereits nach 30 bis 60 Minuten die be-kannten „Tweed"-Kontraste (Putnis 1980) auf, welche sich nach ca. 72 Stunden zu klaren Lamellen entwickeln. Beide Gefügetypen sind auch in den natürlichen K-haltigen Cordieriten beobachtet worden. Zur Zeit muß noch eine fundierte Korrelation zwischen den lichtoptisch beobachtbaren Kristalltypen (z. B. pris-matisch bzw. dendritisch) und den elektronenmikroskopisch erkennbaren Gefü-getypen hergestellt werden, um eine Aussage über die Zeitabläufe in den oben genannten Lokalitäten machen zu können.

Die Untersuchungen lassen den Schluß zu, daß sich nur in kleinen Kontakt-höfen mit kurzer Heizdauer hexagonale Cordierite bilden und möglicherweise intermediäre Strukturzustände erhalten bleiben können. Erstmals konnte an den drei klassischen Lokalitäten gezeigt werden, daß hier der Einbau von Ka-lium eine wesentliche Rolle bei der Kinetik der Bildung und Umwandlung von Cordierit spielt: Die Untersuchungen an synthetischen K-dotierten Cordieriten nach der Substitution K + Al für Si ergaben, daß zunehmender Kaligehalt die Umwandlung von primärem metastabilen hexagonalen Hochcordierit in die rhombische Phase mehr und mehr verzögert, und daß der maximal erreichbare Δ-Wert sukzessive niedriger liegt als für reinen Mg-Cordierit, $Mg_2Al_4Si_5O_{18}$. Dies geht sicher teilweise auf das durch die Substitution veränderte Al/Si-Ver-hältnis im Cordierit zurück. In Zusammenarbeit mit der Arbeitsgruppe Salje (Cambridge, England) durchgeführte Synchrotron-Pulverdiffraktometer-Mes-sungen an verschieden lang getemperten K-haltigen synthetischen Cordieriten zeigten außerdem erstmalig die Koexistenz von zwei Cordieriten mit verschie-nen Strukturzuständen (hexagonal und rhombisch) in ein und derselben Probe über beträchtliche Temperzeiten hinweg.

3.4.7 Sauerstoff-Isotopenzusammensetzung in Gesteinen des Ballachulish-Plutons und seiner Aureole (Stephan Hoernes, Gerhard Voll)

Das Projekt war zunächst der Frage gewidmet, wie die Sauerstoff-Isotopenzu-sammensetzung von detritischen und neugebildeten Phasen aus einem Ortho-quarzit sich bei regionalmetamorpher Heizung, Rekristallisation und Scherzo-nenbildung sowie bei folgender Kontaktheizung verhält. Im Zuge der Bearbei-tung ergab sich ein umfassenderes Thema, das für die gesamte Arbeitsgruppe

„Ballachulish" von großer Bedeutung war, nämlich die Beziehungen zwischen dem Intrusivkörper und seinen Rahmengesteinen.

In Kooperation mit der Arbeitsgruppe Harmon (Dallas, USA) konnte gezeigt werden, daß die Intrusion der dioritischen bis granitischen Magmen nicht mit der Ausbildung hydrothermaler Konvektionszellen verbunden war, so daß die Wärmeübertragung im wesentlichen über die Wärmeleitung der Gesteine und nicht durch Wärmetransport über eine fluide Phase bewirkt wurde. Lokale Ausnahmen sind wahrscheinlich strukturell korreliert.

Die O- und H-Isotopendaten sprechen für eine „I-type" Quelle des Magmas, vermutlich tief in der Unterkruste oder an der Mantel-Krustengrenze. Die Variationen der Isotopie können durch fraktionierte Kristallisation allein nicht erklärt werden, als wahrscheinlichste Ursache wird ein MASH-Prozeß (melting-assimilation-storage-homogenization) angenommen. Krustenkontamination in höheren Stockwerken während des Magmenaufstiegs erklären die größeren Variationen der granitischen Gesteine der zweiten Intrusionsphase.

Die aus der Schmelze auskristallisierenden Mineralphasen reäquilibrierten während der Abkühlung unter Subsolidus-Bedingungen mit einer magmatischen fluiden Phase. Dabei wurden meistens Gleichgewichte noch bei Temperaturen um 500 °C erreicht. Solche Temperaturen sind wesentlich tiefer als auf der Basis von Diffusionsdaten berechnete Schließungstemperaturen. Dies läßt den Schluß zu, daß der Isotopenaustausch in Anwesenheit einer fluiden Phase durch einen Lösungs-Fällungs-Prozeß gesteuert wird.

Demgegenüber zeigen die Untersuchungen an den klastischen Quarz- und Kalifeldspatkörnern aus dem Appinquarzit, daß auch während der Kontaktheizung keine Gleichgewichte im Handstückbereich erreicht wurden. Die Temperungszeit war für eine diffusive Äquilibrierung zu kurz, für schnellere Austauschmechanismen, wie innerhalb des Plutons wirksam, fehlte der katalytische Effekt einer wässrigen fluiden Phase.

3.4.8 Abkühlungsgeschichte des Ballachulish-Plutons und Temperaturverlauf im Nebengestein (Günter Buntebarth)

Der Abkühlungsverlauf des Ballachulish-Plutons wird anhand der Wärmeleitungsgleichung, die numerisch gelöst wird, an Modellen errechnet. Es werden drei verschiedene Intrusionskörper betrachtet: ein Zylinderring, ein Vollzylinder und ein hohler Kegelstumpf. Jeder der drei Körper wurde aus zwei zeitlich begrenzten Magmenschüben aufgebaut, die in ihrer Mächtigkeit aus geologischen Beobachtungen abgeschätzt wurden.

Die Intrusionsabfolge ist an den Abkühlungsvorgang selbst gebunden. Sobald die erste Intrusion die Solidustemperatur erreicht, erfolgt der zweite Magmenschub. Während der Auskristallisation der Magmen wird die latente Schmelzwärme (L = 75 cal/g) freigesetzt und verlangsamt dabei die Magmenabkühlung. Das nach der Verfestigung freigesetzte Wasser aus dem Magma (3 % H_2O) migriert in das Nebengestein hinein und trägt mit seinem konvektiven Anteil zusätzlich zur Abkühlung bei. Die Wassermigration wird jedoch nur z. T. in die angrenzenden Metasedimente hinein angenommen, nicht in den dichten Appinquarzit. Es zeigt sich, daß ein maximaler Einfluß der Wasserbewegung im kontaktnahen Bereich bei Fließgeschwindigkeiten von v = 2,5 cm/a errechnet wird.

Während sich die Quarzite durch Wärmeeinwirkung nicht verändern, außer daß sich die Körner vergröbern, finden in den pelitischen Gesteinen Dehydratationsreaktionen statt, die sogar den Abkühlungsverlauf beeinflussen. Die Wärme, die oberhalb von 500 °C verbraucht wird, beträgt A = 1670 µW/m³. Diese Wärmesenke erniedrigt die maximalen Nebengesteinstemperaturen um bis zu 50 °C. Auch in ihren Wärmeleiteigenschaften sind beide Gesteinstypen sehr verschieden. Für den Appinquarzit wird eine Wärmeleitfähigkeit K_Q = (0,17 + 5,4 · 10^{-4} T(°C))$^{-1}$ W/m °C) bestimmt und für den verbreiteten, stark anisotropen Levenschiefer $K_{parallel}$ = (0,27 + 3,16 · 10^{-4}T)$^{-1}$ W/m °C bzw. $K_{senkrecht}$ = (0,44 + 3,9 · 10^{-4} T)$^{-1}$ W/m °C. Die Intrusivgesteine haben die nicht differenzierbare Wärmeleitfähigkeit von K_i = (0,44 + 2,4 · 10^{-4} T)$^{-1}$ W/m °C. Neben der Wärmeleitfähigkeit wurde auch jeweils die thermische Diffusivität bis zu Temperaturen von 500 °C gemessen und für die Modellberechnungen benutzt. Die hohe Anisotropie in den thermischen Leitfähigkeiten kann zu Temperaturdifferenzen bei der Wärmeausbreitung senkrecht und parallel zur Schichtung von bis zu 100 °C im Ballachulish-Schiefer führen. Bei gemittelten Eigenschaften der Schiefer können zum Appinquarzit auch Temperaturdifferenzen von 100 °C errechnet werden, die durch die unterschiedlichen Eigenschaften bedingt sind.

Zur Entscheidung, welches der drei Intrusionsmodelle das wahrscheinlichere ist, werden die Geothermometerangaben aus den Dekarbonatisierungsreaktionen und aus der Mikroklin/Sanidin-Umwandlung genutzt. Danach ergibt eine Ringintrusion generell zu niedrige Maximaltemperaturen, die bei einem Kegelmodell erst dann signifikant ansteigen, wenn der Öffnungswinkel wenigstens 90° beträgt.

Das Vollzylindermodell liegt den Thermometerangaben am nächsten, wenn die Nebengesteinstemperatur mit 250 °C statt mit 300 °C wie bei den anderen Modellen angenommen wird. Der offensichtlich noch etwas zu hohe Wärmeinhalt eines Vollzylinders könnte vermindert werden, wenn im Pluton große Nebengesteinsblöcke verborgen lägen, die das Magmenvolumen reduzieren und die selbst sogar noch Wärme verbrauchen.

3.4.9 Zusammenfassung der Ergebnisse am Ballachulish-Pluton und seiner Aureole (Friedrich Seifert, Gerhard Voll)

Da einerseits die oben geschilderten Teilprojekte neben Fragen des Gleichgewichts und der Kinetik in Gesteinen des Ballachulish-Komplexes auch andere, grundsätzliche Fragen behandelten und dafür auch andere Vorkommen mit einbezogen (z. B. Monzoni, Blaue Kuppe etc.), andererseits auch in den Abschnitten 3.2.5, 3.3.7 und 3.3.12 bereits Einzelergebnisse zur Ballachulish-Aureole mitgeteilt wurden, seien hier die an Ballachulish erarbeiteten Konzepte nochmals zusammengefaßt. Diese Ergebnisse schließen auch diejenigen ein, die von den Arbeitsgruppen in Edinburgh (Harte, Pattison) sowie Dallas (Harmon) erbracht wurden.

Die multidisziplinäre Untersuchung des Ballachulish-Komplexes und seiner thermischen Aureole stellt die detaillierteste bisher publizierte Studie einer Kontaktmetamorphose dar. In einem gut definierten Rahmen wurden Gleichgewicht und Kinetik der Gesteinsbildung bestimmt. Der Ballachulish-Komplex und seine Aureole waren hierfür besonders geeignet wegen der relativ einfachen Form der Intrusion und des Fehlens späterer, nachintrusiver Episoden der Metamorphose, Deformation oder retrograder Umwandlung. Die metasedimentären Gesteine der Aureole sind sehr variabel: feldspathaltige Quarzite, Psammopelite mit und ohne Graphit und Pyrit, unreine Kalke und Dolomite. Alle diese Gesteine lagen vor der Kontaktmetamorphose in gut äquilibrierten Mineralvergesellschaftungen der regionalen oberen Grünschiefer- bis unteren Amphibolit-Facies vor. Durch die Gefügeanisotropie der schiefrigen Psammopelite konnte der Effekt einer Wärmeausbreitung senkrecht bzw. parallel zur Schieferung studiert werden.

Die Kartierung und mineralogische, geochemische und petrographische Untersuchung des *Plutons* ergab die Intrusionsabfolge und die Intrusions- sowie Kristallisationstemperaturen. Die thermische Geschichte der Aureole wurde insbesondere durch die Intrusion des heißen und „trockenen" Diorits bestimmt. Die Kontakte des Plutons sind meist steil, die jetzige Mindestmächtigkeit beträgt ca. 4 km.

In der *Aureole* wurden die Mineralreaktionen in Metapeliten und Metakarbonaten untersucht sowie die zugehörigen Gefügeänderungen. Auf dieser Grundlage wurden Isograden konstruiert. In pelitischen Gesteinen wird partielles Schmelzen in der Nähe des Kontakts erreicht.

In den Quarziten mit ihrer hohen thermischen Leitfähigkeit werden die Isograden nach außen verschoben. Dies und die Anisotropie der Wärmeleitung in pelitischen Gesteinen führt zu einer Variation der Breite der Aureole. Die Abfolge der Reaktionen in den Peliten, die Änderungen der Mg-Fe-Verhältnisse in beteiligten Mineralen, der Effekt von F in Biotit, der Austausch von (Fe,Mg)Si für 2Al und der das a_{H_2O} erniedrigende Effekt von Graphit entsprechen den Erwartungen auf der Grundlage der Gleichgewichtsthermodynamik und experimenteller Gleichgewichtsdaten. Daraus folgt, daß die Reaktionen bei den einzelnen Schritten Gleichgewicht erreichten und keine Überhitzung durch zu rasches Aufheizen erfolgte. Offensichtlich sind solche kinetischen Effekte erst bei kleineren Intrusionen mit kürzeren Aufheiz- und Abkühlungszeiten als am Ballachulish zu erwarten.

In den kieseligen Dolomiten und unreinen Kalksteinen konnten ebenfalls Isograden kartiert werden. Sie dienten, zusammen mit der Mg-Calcit-Thermometrie, zur Aufstellung von Temperatur-Abstandsprofilen, die in guter Übereinstimmung mit den an Peliten erzielten Daten stehen. Aus mikrotexturellen Beobachtungen ließ sich die zeitliche Entwicklung der Zusammensetzung der fluiden Phase rekonstruieren.

Im allgemeinen wurde die *fluide* Phase in ihrer Zusammensetzung und deren zeitlichen Änderung mehr lokal durch das Muttergestein bestimmt. In graphitreichen Schiefern wurde a_{H_2O} herabgesetzt, so daß Cordierit bereits bei niedrigeren Temperaturen gebildet wurde als in anderen Peliten. Die Teile der Aureole, in denen Dekarbonatisierungs- oder Dehydratisierungsreaktionen abliefen, waren fluidgesättigt. Selbst in den Quarziten muß eine wäßrige fluide Phase vorhanden gewesen sein. Nach Sauerstoff-Isotopenuntersuchungen setzten die Fluide aber keine großräumige Konvektion in Gang. Nur in der Zone partiellen Schmelzens kam es zu einer Wasseraufnahme aus dem erstarrenden Pluton.

Die *Modellierung* der thermischen Geschichte des Plutons und der Aureole erfolgte unter der Annahme verschiedener Geometrien und berücksichtigte die petrographischen Daten (z. B. Temperatur des Magmas, Ausgangstemperatur des Nebengesteins, Wärmeverbrauch durch metamorphe Reaktionen, gesteinsspezifische und temperaturabhängige Wärmeleitfähigkeit, Fluide). Die beste Übereinstimmung aller Daten wurde mit einem Zylindermodell erreicht.

Informationen über die *Kinetik* und die Reaktionsmechanismen wurden aus dem Studium der Mikrotexturen, der Kornvergröberung, Sauerstoff-Isotopenaustausch sowie Ordnungs/Unordnungs- und Entmischungsprozessen in einzelnen Mineralen gewonnen.

In den Karbonatgesteinen werden für jede einzelne Reaktion drastisch unterschiedliche Texturen und morphologische Beziehungen der einzelnen Körner zu ihrer Umgebung beobachtet, je nachdem, ob die Paragenese direkt an der Isograde gebildet wurde oder etwas höher temperierte Bedingungen erlebt hat. Es wird abgeleitet, daß diese Unterschiede auf transport- bzw. grenzflächenkontrolliertes Wachstum, Unter- bzw. Übersättigung bezüglich der Reaktandenphasen und geschlossene bzw. offene Systeme zurückzuführen sind.

Die Kornvergröberung von Quarz im Appinquarzit beginnt bei 620 °C und verstärkt sich in Richtung auf den Kontakt. Die abgeleitete niedrige Aktivierungsenergie von 8,5 kcal/Mol wird durch den Effekt von H_2O erklärt, das bei der Rekristallisation aus ehemaligen Fluid-Einschlüssen freigesetzt wurde. Die Schwellentemperatur von 620 °C zeigt an, daß die Vergröberung in einem überhitzten Zustand erfolgte – sie liegt in regionalmetamorphen Gesteinen bei nur 300 °C.

In den Alkalifeldspäten des Appinquarzites führte die Kontaktheizung zum Ersatz von Mikroklin durch Sanidin, Homogenisierung der Albit-Entmischungen, Anstieg des mittleren Na-Gehalts und – in der unmittelbaren Nähe des Kontakts – Rekristallisation. Bei der Abkühlung erfolgt wiederum Ordnung, Bildung von intermediärem Mikroklin und Orthoklas, und Entmischung. Auch diese Erscheinung ist nur durch den katalytischen Effekt einer Fluidphase zu erklären.

3.5 Literatur (soweit nicht aus dem Schwerpunktprogramm hervorgegangen, s. Kapitel 4.)

Carslaw, H.S.; Jaeger, J.C. (1959): Conduction of Heat in Solids. University Press, New York.

Crank, J. (1975): Mathematics of Diffusion. Clarendon Press, Oxford, 2nd ed.

Czank M.; Liebau F. (1980): Periodicity faults in chain silicates: A new type of planar lattice fault observed with high resolution electron microscopy. Phys. Chem. Minerals 6, 85–93.

Dingwell, D.B.; Webb, S.L. (1989): Structural relaxation in silicate melts and non-newtonian melt rheology in geologic processes. Phys.Chem. Minerals 16, 508–516.

Flood, H.; Knapp, W.J. (1968): Structural characteristics of liquid mixtures of feldspar and silica. J. Amer. Ceram. Soc. 51, 259–263.

Harwood, D.S.; Larsen, R.R. (1969): Variations in the delta-index of cordierite around the Cupsuptic pluton, west-central Maine. Amer. Mineral. *54*, 896-908.

Langer, K.; Stürzebecher, M. (1983): Experimental study of the influence of water on the high-low-transition of synthetic Mg-cordierite, $Mg_2(Al_4Si_5O_{18})$. Fortschr.Mineral. *61*, Beih. 1, 126-128.

Mitchell, R.H.; Carswell, D.A.; Clarke, D.B. (1980): Geological implications and validity of calculated equilibrium conditions for ultramafic xenoliths from the pipe 200 kimberlite, Northern Lesotho. Contr. Mineral. Petrol. *72*, 1-18.

Moynihan, C.T.; Gupta, P.K. (1978): The order parameter model for structural relaxation in glass. J. Non-Cryst. Solids *29*, 1943- 1958.

Nakamura, A.; Schmalzried, H. (1983): On the nonstoichiometry and point defects of olivine. Phys. Chem.Minerals *10*, 27-37.

Narayanaswamy, O.S. (1971): A model of structural relaxation in glass. J. Amer. Ceram. Soc. *54*, 491-498.

Owen, D.C.; McConnell, J.D.C. (1974): Spinodal unmixing in an alkali feldspar. In: The Feldspars (eds: W.S. MacKenzie, J. Zussman). Manchester University Press, 424-439.

Putnis, A. (1980): The distortion index in anhydrous Mg-cordierite. Contr. Min. Petr. *74*, 135-141.

Putnis, A.; Bish, D.L. (1983): The mechanism and kinetics of Al,Si ordering in Mg-cordierite. Am.Mineral. *68*, 60-65.

Putnis, A.; Holland, T.J.B. (1986): Sector trilling in cordierite and equilibrium overstepping in metamorphism. Contr. Min. Petr. *93*, 265-272.

Robinson, P.; Ross, M.; Nord, G.L.Jr.; Smyth, J.R.; Jaffe, H.W. (1977): Exsolution lamellae in augite and pigeonite: fossil indicators of lattice parameters at high temperature and pressure. Amer. Mineral. *62*, 857-873.

Schreyer, W.; Yoder, H.S. Jr. (1964): The system Mg-cordierite - H_2O and related rocks. N.Jb. Min. Abh. *101*, 271-342.

Sockel, H.G. (1974): Defect structure and electrical conductivity of crystalline ferrous silicate. In: Defects and Transport in Oxides (eds: M.S. Seltzer, R.I. Jaffe). Plenum Press New York, 341- 354.

Turnbull, D. (1955): Theory of cellular precipitation. Acta Metall. *3*, 55-63.

Yund, R.A. (1984): Alkali feldspar exsolution: kinetics and dependence on alkali interdiffusion. In: Feldspars and Feldspathoids (ed: W.L. Brown), Reidel Dordrecht, 281-315.

4   Aus dem Schwerpunktprogramm hervorgegangene Veröffentlichungen

4.1   Originalarbeiten

Die Angabe „Ballachulish-Band" bezieht sich auf: G. Voll, J. Töpel, D.R.M. Pattison, F. Seifert (eds.): Equilibrium and Kinetics in Contact Metamorphism: The Ballachulish Igneous Complex and its Aureole. Springer-Verlag Heidelberg, im Druck, 1990.

Althaus, E.; Faller, A.; Herold, G.; Kronimus, B.; Tirtadinata, E.; Töpfer, U. (1985): Hydrothermal reactions between rock-forming minerals, rocks, and heat exchange fluids in Hot Dry Rock Systems. In: European Geothermal Update (eds: A.S. Strub und P. Ungemach), Reidel Publishing Co. Dordrecht, 301–309.

Althaus, E.; Edmunds, M.J. (1987): Geochemical Research in relation to Hot Dry Rock geothermal systems. Geothermics *16*, 451–458.

Althaus, E.; Tirtadinata, E. (1989): Dissolution of feldspar: The first step. In: Water-Rock Interaction (ed: D.J. Miles). Balkema, Rotterdam, 15–17.

Bachmann, G.; Grauert, B.; Miller, H. (1986) Isotopic dating of polymetamorphic metasediments from Northwest Argentina. Zbl. Geol. Paläont. Teil I, 1985, 1257–1268.

Backhaus-Ricoult, M.; Schmalzried, H. (1985): Morphological stability in the course of solid state reactions: The System Fe_3O_4-Mn_3O_4-Cr_2O_3. Ber. Bunsenges. Phys. Chem. *89*, 1323–1330.

Backhaus-Ricoult, M.; Schmalzried, H. (1987): Interface Morphology in Ceramics. In: Proc. Ceram. Microstructures: Role of Interface (ed: J. Pask), New York.

Bambauer, H.U.; Bernotat, W.; Kroll, H., Voll, G. (1984): Structural states of K-feldspars from contact- and regionalmetamorphic regions: Central Swiss Alps and Scottish Highlands. Bull. Mineral. *107*, 385–386.

Bambauer, H.U.; Krause, C.; Kroll, H. (1989): TEM investigation of the sanidine/microcline transition in metamorphic gradients: The K-feldspar varieties. Eur. J. Mineral. *1*, 47–58.

Behner, T.; Elbers, G.; Remme, S.; Prissok, F.; Stegger, P.; Lehmann, G. (1986): Interstitial transition metal impurities as a possible cause of enhanced reactivities. Ber. Bunsenges. Phys. Chem. *90,* 698-702.

Bernotat, H.; Bertelmann, D.; Wondratschek, H. (1988): The annealing behaviour of Eifel sanidine (Volkesfeld) III. The influence of the sample surface and sample size on the order-disorder transformation rate. N. Jahrb. Miner. Mh. 1988, 503-515.

Bertelmann, D.; Förtsch, E.; Wondratschek, H. (1985): Zum Temperverhalten von Sanidinen: Die Ausnahmerolle der Eifelsanidin-Megakristalle. N. Jb. Miner. Abh. *152,* 123-141.

Blank, H.; El Goresy, A.; Janicke, J.; Nobiling, R.; Traxel, K. (1984): Partitioning of Zr and Nb between coexisting opaque phases in lunar rocks – Determined by quantitative proton microprobe analysis. Earth Planet. Sci. Lett. *68,* 19-33.

Brinkmann, U.; Laqua, W. (1985): Decomposition of Fayalite (Fe_2SiO_4) in an Oxygen Potential Gradient at 1418 K. Phys. Chem. Minerals *12,* 283-290.

Brinkmann, U.; Laqua, W. (1986): Zur Stabilität olivinischer Silicate im Sauerstoffpotentialgradienten. II. Das Cobaltsilicat Co_2SiO_4. Ber. Bunsenges. Phys.Cheme. *90,* 680-684.

Buntebarth, G.; Rueff, P. (1987): Laboratory thermal conductivities applied to crustal conditions. In: Geothermics and Geothermal Energy (eds: V.M. Hamza et. al., eds.), Sao Paulo, 103-109.

Buntebarth, G. (1990): Thermal models of cooling. Ballachulish-Band, im Druck.

Buntebarth, G.; Voll, G. (1990): Quartz grain coarsening by collective crystallization in Contact quartzites. Ballachulish-Band, im Druck.

Carter, B.C.; Schmalzried, H. (1985): The growth of spinel into Al_2O_3. Phil. Mag. *52,* 207-229.

Cemic, L.; Grammenopoulou-Bilal, S.; Langer, K. (1986): A microscope-spectrometric method for determining small Fe^{3+}-concentrations due to Fe^{3+}-bearing defects in fayalite. Ber. Bunsenges. Phys. Chem. *90,* 654-661.

Dachs, E.; Metz, P. (1988): The mechanism of the reaction 1 tremolite + 3 calcite + 2 quartz = 5 diopside + 3 CO_2 + 1 H_2O. Contrib. Mineral. Petrol. *100,* 542-551.

Daniels, P.; Maresch, W.V.; Sahl,K.; Schreyer,W. (1990): Electron optical and X-ray diffraction studies on synthetic and natural potassic cordierites. Phys. Chem. Mineral. (eingereicht).

Deckers, B.; Kroll, H.; Pentinghaus, H. (1986): Mechanism and kinetics of Na,K-unmixing in Al(Si,Ge) alkali feldspars. Materials Science Forum *7,* 103-112.

El Goresy, A.; Woermann, E. (1977): Opaque minerals as sensitive oxygen barometers and geothermometers in lunar basalts. Thermodynamics in Geology, 249–277.

Fehlmann, M.; Bertelmann, D. (1988): In-situ synchrotron radiation topography of sanidine feldspars during annealing. In: Synchrotron Radiation Applications in Mineralogy and Petrology (ed: S.S. Augustithis), Theophrastus Publ.

Feuer, H.; Schröpfer, L.; Fuess, H.; Jefferson, D.A. (1989): High resolution transmission electron microscope study of exsolution in synthetic pigeonite. Eur. J. Mineral. *1*, 507–516.

Feuer, H., Schröpfer, L., Fuess, H. (1990) Microstructures and thermal behaviour of igneous pyroxenes. Ballachulish-Band, im Druck.

Fuess, H.; Schröpfer, L.; Feuer, H. (1986): Exsolution and phase transformations in synthetic pyroxenes: X-ray and TEM-studies at elevated temperatures. Ber. Bunsenges. Phys. Chem. 8, Vol. *90*, 755–759.

Graham, C. M.; Maresch, W. V.; Welch, M. D.; Pawley, A. R. (1989): Experimental studies of amphiboles: a review with thermodynamic perspectives. Eur. J. Mineral. *1*, 535–555.

Goossens, D.A.; Philippaerts, J.G.; Gijbels, R.; Pijpers, A.P.; van Tendeloo, S.; Althaus, E. (1989): A SIMS, SEM and FTIR study of feldspar surfaces after reaction. In: Water-Rock Interaction (ed: D.L. Miles). Balkema, Rotterdam, 271–274.

Goossens, D.A.; Pijpers, A.P.; Philippaerts, J.G.; Althaus, E., van Tendeloo, G; Gijbels, R.H. (1990): Study of the dissolution of feldspars: an example from hydrothermally treated sanidine. Geochim. Cosmochim. Acta, im Druck.

Harte, B., Voll, G. (1990) The setting of the Ballachulish Intrusive Igneous Complex in the Scottish Highlands. Ballachulish-Band, im Druck.

Harte, B., Pattison, D.R.M., Heuss-Aßbichler, S., Hoernes, S., Masch, L. Weiss, S. (1990): Evidence of fluid behaviour and controls in the intrusive complex and its aureole. Ballachulish-Band, im Druck.

Heinrich, W.; Metz, P.; Bayh, W. (1986): Experimental investigation of the mechanism of the reaction: 1 tremolite + 11 dolomite = 8 forsterite + 13 calcite + 9 CO_2 + 1 H_2O. Contrib. Mineral. Petrol *93*, 215–221.

Heinrich, W.; Metz, P.; Gottschalk, M. (1989): Experimental investigation of the kinetics of the reaction 1 tremolite + 11 dolomite − 8 forsterite + 13 calcite + 9 CO_2 + 1 H_2O. Contrib. Mineral. Petrol. *102*, 163–173.

Hess, J. C.; Lippolt, H. J. (1986): Kinetics of Ar isotopes during neutron irradiation: Ar^{39} loss from minerals as source of error in Ar^{40}/Ar^{39} dating. Chem. Geol. (Isotope section) *59*, 223–236.

84

Hess, J. C.; Lippolt, H. J.; Wirth, R. (1987): Interpretation of Ar^{40}/Ar^{39} spectra of biotites: Evidence from hydrothermal degassing experiments and TEM studies. Chem. Geol. (Isotope Section) *66*, 137–151.

Heuss-Aßbichler,S.; Masch, L. (1990) Microtextures and reaction mechanisms of carbonate rocks: A comparison between the thermoaureoles of Ballachulish and Monzoni (N.Italy). Ballachulish-Band, im Druck.

Hoernes, S.; MacLeod-Kinsel, S.; Harmon, R.S.; Pattison, D.; Strong, D.F. (1990): Stable isotope geochemistry on the intrusive complex and its metamorphic aureole. Ballachulish-Band, im Druck.

Hoernes, S.; Voll, G. (1990): Detrital quartz and K-feldspar in quartzites as indicators of Oxygen Isotope exchange kinetics. Ballachulish-Band, im Druck.

Höfler, S., Seifert, F. (1984) Volume relaxation of compacted SiO_2 glass: a model for the conservation of natural diaplectic glasses. Earth Planet. Sci. Lett. *67*, 433–438.

Hoeppener, U.; Kramar, U.; Puchelt, H. (1990): Sulfur isotope fractionation in sulfides: application to geothermometry. Eur. J. Mineral. (im Druck).

Hoffmann, V.; Soffel, H. (1986): Magnetic properties and oxidation experiments with synthetic olivines $(Fe_xMg_{1-x})SiO_4$, $O < x < 1$. J. Geophys. *60*, 41–46.

Hort, M.; Spohn, T. (1990a): Numerical simulation of the crystallization of multi-component melts in thin dikes or sills, 2. Effects of heterocatalytic nucleation and composition. J. Geophys. Res. (im Druck).

Hort, M.; Spohn, T. (1990b): Crystallization of a binary melt cooling at constant rates of heat removal. Nature (eingereicht).

John, R.-J.; Müller, W.F.(1988): Experimental studies on the kinetics of order-disorder processes in anorthite, $CaAl_2Si_2O_8$. N. Jahrb. Mineral. Abh. *159*, 283–295.

Kirsch, H.; Kober, B.; Lippolt, H. J. (1989): Age of intrusion and rapid geological cooling of the Frankenstein gabbro (Saxothuringian zone) evidenced by Ar^{40}/Ar^{39} and by single zircon Pb^{207}/Pb^{206} measurements. Geol. Rundschau *77*, 693–711.

Knecht, B.; Simons, B.; Woermann, E.; El Goresy, A. (1977): Phase relations in the system Fe-Cr-Ti-O and their application in lunar thermometry. Proc. Lunar Sci. Conf. 8th, 2125–2135.

Krause, C.; Kroll, H.; Bambauer, H.U. (1990): TEM-investigation of the sanidine/microcline transition in metamorphic gradients: K-feldspars from the contact-metamorphic aureole of the Ballachulish intrusion (NW-Scottish Highlands) and from the regional metamorphic Central Swiss Alps. Eur. J. Mineral. (im Druck).

Kroll, H.; Krause, C.; Voll,G. (1990) Disordering, re-ordering and unmixing in alkali feldspars from contact-metamorphosed quartzites. Ballachulish-Band, im Druck.

Kroll, H. (1990) Intracrystalline processes. Ballachulish-Band, im Druck.

Kusatz, B.; Kroll, H.; Kaiping, A.; Pentinghaus, H. (1987): Mechanismus und Kinetik von Entmischungsvorgängen am Beispiel Ge-substituierter Alkalifeldspäte. Fortschr. Miner. *65*, 203–248.

Langer, K. (1988): UV to NIR spectra of silicate minerals obtained by microscope spectrometry and their use in mineral thermodynamics and kinetics. In: Physical Properties and Thermodynamic Behaviour of Minerals (ed: K.E. Salje), Reidel Publ. Co., Dordrecht, 639–685.

Lattard, D. (1987): Subsolidus phase relations in the system Zr-Fe-Ti-O in equilibrium with metallic iron. Implications for lunar petrology. Contrib. Mineral. Petrol. *97*, 264–278.

Lattard, D.; Woermann, E. (1990): Formation of ilmenite exsolutions in chromian ulvöspinel during cooling − Experimental investigation and petrological significance. Am. Mineral. (eingereicht).

Lippolt, H. J. (1986): Die Retentivität isotopischer Chronometer, Minerale als Stoppuhren geologischer Prozesse. Heidelberger Geow. Abh. *6*, 282–302.

Lippolt, H. J.; Weigel, E. (1988): He^4 diffusion in Ar^{40}-retentive minerals. Geochim. et Cosmochim. Acta *52* (Wasserburg Series), 1449–1458.

Maresch, W. V.; Czank, M. (1983): Phase characterization of amphibole on the join $Mn_xMg_{7-x}Si_8O_{22}(OH)_2$. Amer. Mineral. *68*, 744–753.

Maresch, W. V.; Czank, M. (1983): Problems of compositional and structural uncertainty in synthetic hydroxyl-amphiboles: with an annotated atlas of the Realbau. Per. Mineral. (Rome) *52*, 463–542.

Maresch, W. V.; Czank, M. (1988): Crystal chemistry, growth kinetics and phase relationships of structurally disordered (Mn^{2+}, Mg)-amphiboles. Fortschr. Miner. *66*, 69–121.

Maresch, W.V.; Blümel, P.; Schreyer, W. (1990): A search for variations of structural states of cordierite in contact metamorphosed pelites. Ballachulish-Band, im Druck.

Martens, R.M. (1985): Kalorimetrische Untersuchung der kinetischen Parameter im Glastransformations-Bereich bei Gläsern im System Diopsid-Anorthit-Albit und einem NBS-710-Standardglas. Frankfurter Geowissenschaftliche Arbeiten, Serie C, Mineralogie, Band 4.

Martens, R.M.; Rosenhauer, M.; Büttner, H.; von Gehlen, K. (1987): Heat capacity and kinetic parameters in the glass transformation interval of diopside, anorthite and albite glass. Chem. Geol. *62*, 49–70.

Martin, M.; Schmalzried, H. (1985): Cobaltous oxide in an oxygen potential gradient: Morphological stability of the phase boundaries. Ber. Bunsenges. Phys. Chem. *89,* 124–130.

Masch, L.; Heuss-Aßbichler, S. (1990) Decarbonation reactions in siliceous dolomites and impure limestones. Ballachulish-Band, im Druck.

Mirwald, P.W.; Jochum, C.; Maresch, W. (1986): Rate studies on hydration and dehydration of synthetic Mg-cordierite. Mat. Sci. Forum *7,* 113–122.

Müller, W.F.; John, R.-J.; Kroll, H. (1984): On the origin and growth of antiphase domains in anorthite. Bull. Minéral *107,* 489–494.

Müller, W.F.; Vojdan-Shemshadi, Y.; Pentinghaus, H. (1987): Transmission electron microscopic study of antiphase domains in $CaAl_2Ge_2O_8$-feldspar. Phys. Chem. Minerals *14,* 235–237.

Müller, W.F. (1988): Antiphasendomänen in Anorthit und Ca-reichen Plagioklasen. N. Jahrb. Mineral. Abh. *158,* 139–157.

Nienhaus, K.; Stegger, P.; Lehmann, G.; Schneider, J. R. (1986): Assessment of quality of quartz crystals by EPR and γ-ray diffraction. J. Crystal Growth *74,* 391–398.

Ostyn, K.M.; Schmalzried, H.; Carter, C.B. (1983): Spinel/Oxide Interfaces formed by Solid State Reactions Proceedings. 41st Annual Meeting Electron Microscopy Society of America, San Francisco Press 1983.

Ostyn, K.M.; Carter, C.B.; Schmalzried, H. (1983): Structure of Oxide – Oxide Phase Boundaries. Elektronenmikr. Direktabb. Oberfl. *16,* 255–261.

Ostyn, K.M.; Carter, C.B.; Falke, H.; Köhne, M.; Schmalzried, H. (1984): Internal reactions in oxide-solid solutions. J. Amer. Cer. Soc. *67,* 679–685.

Pankrath, R. (1990): Polarized IR-spectra of synthetic smoky quartz. Phys. Chem. Minerals, im Druck.

Pankrath, R. (1990): Kinetics of Al,Si-exchange in low- and high-quartz and calculation of diffusion coefficients of Al. Eur. J. Miner., im Druck.

Pattison, D.R.M.; Voll, G. (1990) Regional geology of the Ballachulish area. Ballachulish-Band, im Druck.

Petrov, I.; Hafner, S.S. (1988): Location of trace Fe^{3+} ions in sanidine, $KAlSi_3O_8$. Amer. Mineral. *73,* 97–104.

Petrov, I.; Yude, F.; Bershov, L.V.; Hafner, S.S.; Kroll, H. (1988): Order-disorder of Fe^{3+} ions over the tetrahedral positions in albite. Amer. Mineral. *74,* 604–609.

Petrov, I.; Agel, A.; Hafner, S.S. (1989): Distinct defect centers at oxygen positions in albite. Amer. Mineral. *74,* 1130–1141.

Pfeiffer, T.; Schmalzried, H.; Martin, M. (1984): On the morphological changes on CoO-surfaces during vacancy relaxation processes (is DIGM involved?). Scripta Met. *18,* 383.

Rabbel, W.; Meissner, R. (1990): The shape of the intrusion based on geophysical data. Ballachulish-Band, im Druck.

Redfern, S. A. T.; Salje, E.; Maresch, W.; Schreyer, W. (1989): Powder diffraction and infrared study of the hexagonal-orthorhombic phase transition in K-bearing cordierite. Amer. Mineral. *74*, 1293–1299.

Ried, H.; Fuess, H. (1986): Lamellar exsolution systems in clinopyroxene. Transmission electron microscope observations. Phys. Chem. Minerals *13*, 113–118.

Sator, F.; Schult, A. (1989): Die Selbstumkehr der Remanenz in kontinentalen Basalten und Untersuchung der Abhängigkeit der Kompensations-Temperatur vom Oxidationsgrad mit Hilfe künstlicher Tieftemperatur-Oxidation. Münchner Geophysik. Mitt. *3* (eingereicht).

Schliestedt, M.; Matthews, A. (1987): Cation and oxygen isotope exchange between plagioclase and aqueous chloride solution. N. Jahrb. Miner. Mh. 1987, 241–248.

Schliestedt, M.; Johannes, W. (1990): Cation exchange equilibria between plagioclase and aqueous chloride solution at 600 to 700 °C and 2 to 5 kbar. Eur. J. Mineralogy (im Druck).

Schmalzried, H. (1983): Internal and external oxidation of nonmetallic compounds and solid solutions (I). Ber. Bunsenges. Phys. Chem. *87*, 551–558.

Schmalzried, H. (1984): Oxide solid solutions and its internal reduction reactions. Ber. Bunsenges. Phys. Chem. *88*, 1186–1191.

Schmalzried, H. (1985): Internal reactions with solid oxide solutions. Science of Sintering *17*, 21–33.

Schmidbauer, E.; Faßbinder, J. (1987): Aftereffect of magnetic susceptibility in Fe-Ti spinels and cation diffusion. J. Mag. Mag. Mat. *68*, 83–89.

Schreyer, W. (1985): Experimental studies on cation substitutions and fluid incorporation in cordierite. Bull. Mineral. *108*, 273–291.

Schreyer, W.; Blümel, P.; Maresch, W. (1986): Cordierit und Osumilith aus den Buchiten der Blauen Kuppe bei Eschwege. Der Aufschluß *37*, 353–367.

Schreyer, W. (1986): The mineral cordierite: Structure and reactions in the presence of fluid phases. Ber. Bunsenges. Phys. Chem. *90*, 748–755.

Schreyer, W.; Maresch, W.V.; Daniels, P., Wolfsdorff, P. (1990): Potassic cordierites: characteristic minerals for high-temperatures, very low pressure environments. Contr. Min. Petrol. (im Druck).

Schröpfer, L. (1988): Inkommensurable Orthopyroxene? N. Jahrb. Miner. Abh. *158*, 183–191.

Spohn, T.; Hort, M.; Fischer, H. (1988): Numerical simulation of the crystallization of multi-component melts in thin dikes or sills, 1. The liquidus phase. J. Geophys. Res. *93*, 4880–4894.

Stegger, P.; Lehmann, G. (1989): The structures of three centers of trivalent iron in α-quartz. Phys. Chem. Minerals *16,* 401–407.

Stegger, P.; Lehmann, G. (1989): Dynamic effects in a new substitutional center of trivalent iron in quartz. Phys. Stat. Sol. B151.

Troll, G.; Weiss, S. (1990): Structure, petrography and emplacement of plutonic rocks. Ballachulish-Band, im Druck.

Voll, G. (1990) Summary and outlook. Ballachulish-Band, im Druck.

Weghöft, R.; Schmalzried, H. (1986): On the behaviour of fayalite and olivine in oxygen potential gradients. Materials Science Forum *7,* 223–234.

Weiss, S.; Troll, G. (1989): The Ballachulish Igneous Complex, Scotland: petrography, mineral chemistry and order of crystallization in the monzodiorite-quartzdiorite suite and in the granite. J. Petrol. *30,* 1069–1115.

Weiss, S.; Troll, G. (1990): Thermal conditions and crystallization sequence as deduced from whole-rock and mineral geochemistry Ballachulish-Band, im Druck.

Weiss, S. (1990): Nucleation and growth of pyroxene in hypersthene diorites. Ballachulish-Band, im Druck.

Wirth, R. (1985): Dehydration of mica (phengite) by electron bombardement in a transmission electron microscope (TEM). J. Mat. Sci. Lett. *4,* 327–330.

Wirth, R. (1985): Dehydration and thermal alteration of white mica (phengite) in the contact aureole of the Traversella-Intrusion. N. Jahrb. Miner. Abh. *152,* 101–112.

Wirth, R. (1986): Some observations concerning the growth kinetics of biotite during the thermally induced transformation of white mica (phengite) in the contact aureole of the Traversella-Intrusion. Materials Science Forum *7,* 123–131.

Wirth, R. (1985): The influence of the low-high quartz transformation on recrystallization and grain growth during contact metamorphism (Traversella-Intrusion, N-Italy). Tectonophysics *120,* 107–117.

Wirth, R. (1986): High-angle grain boundaries in sheet silicates (biotite/chlorite): a TEM study. J. Mat. Sci. Lett. *5,* 105–106.

Wirth, R. (1986): Thermal alteration of glaucophane in the contact aureole of the Traversella-Intrusion (N-Italy). N. Jahrb. Miner. Abh. *154,* 193–205.

Wirth, R.; Voll, G. (1987): Cellular intergrowth between quartz and Na-rich plagioclase (myrmekite) – an analogue to discontinuous precipitation in metal alloys. J. Mat. Sci. Lett. *22,* 1913–1918.

4.2 Diplomarbeiten/Dissertationen

Bähr, R. (1987): Das U+Th/He-System in Hämatit als Chronometer für Mineralisationen. Dissertation Universität Heidelberg.

Bechter, A. (1988): Die interne Fraktionierung der Sauerstoffisotope im Experiment und in der Natur: Der Beitrag von Sauerstoffisotopenuntersuchungen zur Klärung hydrothermaler Prozesse. Dissertation Bonn.

Bertelmann, D. (1982): Untersuchungen zur Tief-Hoch-Umwandlung des Sanidins von Volkesfeld/Eifel. Diplomarbeit Universität Karlsruhe, Institut für Kristallographie.

Bertelmann, D. (1986): Untersuchung der Al/Si-Ordnungsänderung und der Baufehler am Sanidin von Volkesfeld/Eifel. Dissertation Universität Karlsruhe.

Boschmann, W. (1986): Uran und Helium in Erzmineralien und die Frage ihrer Datierbarkeit. Dissertation Universität Heidelberg.

Daniels, P. (1987): Transmissionselektronenmikroskopische Untersuchungen an Kaliumsubstituierten Mg-Cordieriten. Diplomarbeit Ruhr-Universität Bochum, Institut für Mineralogie.

Ebadi, A. (1984): Geochemische Kationenaustauschexperimente zwischen ternären Feldspäten und 2N Chloridlösungen bei Temperaturen von 400 bis 650 °C und Drücken von 2000 bar. Diplomarbeit Universität Hannover.

Faßbinder, J. (1985): Bau einer Apparatur zur Bestimmung der Zeitabhängigkeit der magnetischen Anfangssuszeptibilität und Messung an Titanomagnetiten. Diplomarbeit Universität München, Institut für Allgemeine und Angewandte Geophysik.

Fett, V. (1984): Untersuchungen des Temperverhaltens von Sanidin, insbesondere IR-Messungen am Sanidin von Volkesfeld/Eifel. Diplomarbeit Universität Karlsruhe, Institut für Kristallographie.

Feuer, H. (1988): Phasenumwandlungen und Entmischungen in synthetischen und natürlichen Pyroxenen. Dissertation Universität Frankfurt, Institut für Kristallographie und Mineralogie.

Flögel, J. (1985): Struktur und T-Kationenverteilung in Feldspäten Na[AlSiGe$_2$O$_8$]. Diplomarbeit Universität Münster, Institut für Mineralogie.

Geiger, T. (1988): Untersuchungen zum Mechanismus der Reaktion 2 Tremolit = 4 Diopsid + 3 Enstatit + 2 Quarz + 2 H$_2$O. Diplomarbeit Universität Tübingen, Mineralogisch-Petrographisches Institut.

Gering, E. (1985): Silizium/Aluminium-Ordnung und Kristallperfektion von Sanidinen. Dissertation Universität Karlsruhe.

Giese, U. (1983): Einfluß von Realbau, Verunreinigungen und Kristallwachstum auf einige Eigenschaften ausgesuchter natürlicher und synthetischer Quarzkristalle. Diplomarbeit Ruhr-Universität Bochum.

Großmann, U. (1985): Experimentelle Untersuchung zum Mechanismus der Bildung von Talk in metamorphen kieseligen Karbonaten. Diplomarbeit Universität Tübingen, Mineralogisch-Petrographisches Institut.

Großmann, U. (1989): Experimentelle Untersuchung zum Mechanismus von Muskovit-abbauenden Reaktionen. Dissertation Universität Tübingen.

Hoeppener, U. (1986): Zur Kinetik der Schwefelisotopen-Fraktionierung in Sulfiden. Dissertation Universität Karlsruhe.

Jochum, C. (1986): Experimentelle Untersuchung zum Wassereinbau und zur Kinetik der Hydratation und Dehydratation von synthetischen und natürlichen Cordieriten. Dissertation Ruhr-Universität, Institut für Mineralogie.

Kirsch, H. (1989): Ar^{40}/Ar^{39}-chronologische und mineralogische Untersuchungen zur Serizitisierung von Plagioklasen. Dissertation Heidelberg.

Knitter, R. (1985): Kinetik des Al,Si-Ordnungs-/Unordnungsprozesses in Alkali-Feldspäten. Diplomarbeit Universität Münster, Institut für Mineralogie.

Kraft, W. (1986): Der Kagenfelsgranit und seine Randfacies: Geochemische Untersuchungen des Gesamtgesteins und der Alkalifeldspäte sowie die Bestimmung ihrer strukturellen Zustände. Dissertation Universität München.

Kusatz, B. (1987): Mechanismus und Kinetik der Na,K-Entmischung in Ge-substituierten Alkalifeldspäten. Dissertation Universität Münster, Institut für Mineralogie.

Lehmann, A. (1986): (Na,K)-Entmischung in synthetischen Feldspäten der Zusammensetzung $(Na,K)[AlGe_{1.5}Si_{1.5}O_8]$ und $(Na,K)[AlGeSi_2O_8]$. Diplomarbeit Universität Münster, Institut für Mineralogie.

Lichtenstein, U. (1989): Gleichgewichtsverteilung und Kinetik des Sauerstoffisotopen-Austauschs im System Granat-Wasser. Dissertation Universität Bonn.

Lüttge, A. (1990): Mechanismus und Kinetik der Reaktion: 1 Dolomit + 2 Quarz = 1 Diopsid + $2CO_2$. Dissertation Universität Tübingen.

Meiser, S. (1985): Feldspat-Lösungsgleichgewichte im System $NaAlSi_3O_8$-$KAlSi_3O_8$-$CaAl_2Si_2O_8$-$NaCl$-KCl-$CaCl_2$-H_2O bei Temperaturen von 800K, 900 K und P_{H_2O} = 1 kbar. Diplomarbeit Universität Hannover.

Ott, G. (1982): Röntgenographische Strukturverfeinerungen an getemperten Eifelsanidinen zur Feststellung ihres Ordnungszustandes. Diplomarbeit Universität Karlsruhe, Institut für Kristallographie.

Pankrath, R. (1988): Spurenelementeinbau in Tief-Quarz als Funktion der Wachstumsbedingungen und Umprägungen unter trockenen und hydrothermalen Bedingungen. Dissertation Ruhr-Universität Bochum.

Rabbel, W. (1987): Seismische Erkundung oberflächennaher Störzonen: Strahlentheoretische Grundlagen und Feldbeispiele. Dissertation Universität Kiel.

Radtke, K. (1988): Protonen-Diffusion in Hoch- und Tiefquarz. Diplomarbeit Ruhr-Universität Bochum.

Rittmann, K. L. (1984): Argon in Hornblende, Biotit und Muskovit bei der geologischen Abkühlung/Ar^{40}/Ar^{39}-Untersuchungen. Dissertation Universität Heidelberg.

Röller, K. (1987): Kristallographische Charakterisierung von Amethyst mit Röntgen- und spektroskopischen Methoden unter besonderer Berücksichtigung von Wachstums- und Verzwilligungsphänomenen. Diplomarbeit Ruhr-Universität Bochum.

Siebers, F. (1986): Inhomogene Verteilung von Verunreinigungen in gezüchteten und natürlichen Quarzen als Funktion der Wachstumsbedingungen und ihr Einfluß auf kristallphysikalische Eigenschaften. Dissertation Ruhr-Universität Bochum.

Sting, H. (1986): Granatentmischung aus Pyroxenen der Alpe Seefeld, Ultental, Provinz Bozen, Norditalien. Diplomarbeit Philipps Universität Marburg.

Vojdan-Shemshadi, Y. (1985): Quantitative energiedispersive Röntgenstrahl-Mikroanalyse der Mineralphasen in Gesteinen des Whin Sill. Diplomarbeit TH Darmstadt.

Weise, P. (1989): Experimentelle Untersuchungen der Na-K Austauschrelation zwischen Alkalifeldspäten und chloridischen Lösungen. Diplomarbeit Universität Hannover.

Wilhelm, B. (1988): Experimentelle Untersuchungen zum Kationenaustauschverhalten von natürlichen Plagioklasen und wässrigen chloridischen Lösungen. Diplomarbeit Universität Hannover.

Wuthnow, H. (1983): Kationenaustauschexperimente zwischen Plagioklasen und 2N Chloridlösungen bei 600 und 700°C und 2000 bar. Diplomarbeit Universität Hannover.

4.3 Berichte

Bertelmann, D.; Fehlmann, M. (1982): Röntgentopographische Untersuchungen an Sanidin-Feldspäten mit weißer Synchrotronstrahlung. HASYLAB Jahresbericht 1982, 99–100.

Bertelmann, D.; Fehlmann, M. (1983): 'Life'-Röntgentopographie während des Temperns von Sanidin. HASYLAB Jahresbericht 1983, 109–110.

Buntebarth, G.; Rueff, P. (1985): Zum Einfluß von Wasser auf den Abkühlungsverlauf des Ballachulish-Granits/Schottland. Sitzungsberichte der FKPE-Arbeitsgruppe „Ermittlung der Temperaturverteilung im Erdinnern" *15*, 72–82.

Buntebarth, G. (1986): Zur Druckabhängigkeit der Wärmeleitung in Gesteinen. Sitzungsberichte der FKPE-Arbeitsgruppe „Ermittlung der Temperaturverteilung im Erdinnern" *16*, 39–44.

Buntebarth, G.; Fritzsche, M. (1987): Geothermischer Zustand der Kruste auf dem zentralen Abschnitt der EGT. Sitzungsberichte der FKPE-Arbeitsgruppe „Ermittlung der Temperaturverteilung im Erdinnern" *17*, 72–80.

Buntebarth, G.; Voll, G. (1988): Temperatur- und Zeiteinfluß auf die Quarzkornvergröberung am Beispiel der Kontaktheizung des Ballachulish-Intrusivs. Sitzungsberichte der FKPE-Arbeitsgruppe „Ermittlung der Temperaturverteilung im Erdinnern" *18*, 32–38.

4.4 Vortragszusammenfassungen

Abs-Wurmbach, I.; Boberski, C.; Hafner, S.S. (1988): Zum Problem des Einbaus von dreiwertigem Eisen in den Cordierit: Synthesen und Mößbauer-Spektroskopie. Fortschr. Miner. *66*, Bh. 1, 1.

Althaus, E.; Töpfer, U. (1985): Beeinflussung des Auflösungsverhaltens von Albit bei unterschiedlichen pH-Werten unter hydrothermalen Bedingungen. Fortschr. Miner. *63*, Bh.1, 237.

Amthauer, G.; Miehe, G.; Rost, F.; Sting, H. (1985): X-ray diffraction and TEM studies of garnet exsolution in pyroxenes from ultramafic rocks south of the Ultimo Valley, Northern Italy. EUG III, Straßbourg; Terra cognita *5*, 227.

Bachmann, G.; Grauert, B. (1986) Rb-Sr dating of metamorphic garnets. Terra cognita *6*, 253.

Bachmann, G.; Grauert, B. (1986) Dating by means of 87Sr/86Sr disequilibrium profiles. Terra cognita *6*, 148.

Bechtel, A.; Hoernes, S. (1985): Sauerstoffisotopenuntersuchungen an (OH)-haltigen Silikaten: Fraktionierung zwischen OH- und Silikat-Sauerstoff.; Fortschr. Miner. *63*, 18.

Bernotat-Wulf, H. (1985): Die Ordnungs-Unordnungs-Umwandlung des Sanidins von Volkesfeld/Eifel beim Tempern in evakuierten Kieselglasampullen. DMG-Tagung, Aachen, Fortschr. Miner. *63*, 23.

Bernotat-Wulf, H.; Wondratschek, H. (1987): Der Einfluß von Lithiumionen auf den Al,Si-Ordnungszustand von Sanidin. AGKr-Tagung Berlin; Z. Krist. *178*, 20-21.

Bernotat-Wulf, H.; Wondratschek, H. (1988): The strange properties of Eifel sanidine megacrysts. 2. Internat. Symp. on Experimental Mineralogy, Petrology, and Geochemistry Bochum.

Bertelmann, D. (1982): Untersuchung zur Tief-Hoch-Umwandlung des Sanidins von Volkesfeld/Eifel. AGKr-Tagung, Kiel; Z. Krist. *159*, 16-17.

Bertelmann, D. (1982): Zum Temper- und Ätzverhalten von Eifelsanidin. DMG-Tagung, Marburg; Fortschr. Miner. *60*, 45.

Bertelmann, D.; Förtsch, E.; Wondratschek, H. (1982): Annealing behaviour of Eifel sanidine. DMG-Tagung, Marburg; Fortschr. Miner. *60*, 46.

Bertelmann, D.; Förtsch, E. (1983): Optische Achsenwinkel von Sanidinen in Abhängigkeit von der thermischen Vergangenheit und dem Orthoklasgehalt. AGKr-Tagung, Tübingen; Z. Krist. *162*, 22.

Bertelmann, D. (1983): Annealing behaviour of Eifel sanidine. NATO Advanced Study Institute on Feldspars, Rennes.

Bertelmann, D.; Fehlmann, M. (1984): In situ topography of sanidine feldspars during annealing, using white beam synchrotron radiation. 13. IUCr-Kongreß; Acta Cryst. *A40* (1984) C323.

Bertelmann, D.; Bernotat-Wulf, H. (1985): Zum Temperverhalten des Sanidins von Volkesfeld/Eifel: Der Einfluß der Oberfläche und äußerer Bedingungen. AGKr-Tagung; Z. Krist. *170*, 11-12.

Bertelmann, D.; Fehlmann, M.; Gering, E.; Heger, G.; Schneider, J. R.; Wondratschek, H. (1985): Sanidine megacrysts from the Eifel/Germany: The ideal feldspar. GSA Annual Meeting, Orlando.

Bertelmann, D.; Walter, J.; Wondratschek, H. (1987): Annealing-induced inclusions and transformation behaviour of Eifel sanidines. EUG IV, Strasbourg.

Blank, H.; ElGoresy,A.; Janicke, J.; Nobiling, R.; Traxel, K. (1983): Trace element zoning in coexisting chromite/ulvöspinel in Apollo 12 samples — analyzed by a proton beam microanalyzer. Lunar Planet. Sci. Conf. *XIV*, Houston, Texas, 51-52.

Brinkmann, U.; Laqua, W. (1984): Instability of Iron(II)-Silicate (Fayalite) in an Oxygen-Potential Gradient. 10th Intern. Symp. Reactivity of Solids, Dijon, Extended Abstracts.

Brinkmann, U.; Laqua, W. (1986): Behaviour of $(Co_xNi_{1-x})O$ and $(Co_xNi_{1-x})_2SiO_4$ Solid Solutions in Oxygen Potential Fields. IIIrd European Conference on Solid State Chemistry, Regensburg Extended Abstracts.

Buhl, D.; Grauert, B. (1988) Kinetics of Sr and Nd isotopic exchange in rocks of the lower crust — Results from studies of isotopic disequilibria. E.A.G. Intern. Congr. Geochemistry Cosmochemistry, Paris.

Buhl, D.; Grauert, B. (1988) Kinetics of a metasomatic reaction under granulite facies conditions as deduced from strontium isotopic disequilibria. E.A.G. Inern. Congr. Geochemistry Cosmochemistry, Paris.

Buntebarth, G. (1984): Effect of pressure and temperature on the thermal conductivity of rocks. IASPEI Regional Assembly, Hyderabad.

Buntebarth, G. (1985): Zur Druck- und Temperaturabhängigkeit der Wärmeleitfähigkeit von Gesteinen. Tagung der DGG, München.

Buntebarth, G. (1986): Heat conductivity of some crustal rocks at elevated pressure and temperature. Intern. Meeting on Geothermics and Geothermal Energy, Sao Paulo.

Buntebarth, G.; Rueff, P. (1987): Abkühlungsgeschichte eines Plutons am Beispiel des Ballachulish-Intrusivs/Schottland. Tagung der DGG, Clausthal-Zellerfeld.

Cemic, L.; Grammenopoulou-Bilal, S.; Langer, K. (1987): Determination of the chemical diffusion coefficient D in fayalite by a microscopespectrometric method. Terra cognita 7, 285.

Czank, M.; Maresch, W. V. (1981): Synthetische (Mn,Mg)-Amphibole: kristallchemische Charakterisierung. Fortschr. Miner. 59, Beih. 1, 34–35.

Czank, M.; Simons, B.; Maresch, W. V. (1982): Phase characterization of synthetic minerals by HRTEM — IMA 1982. Abstracts Volume, 435.

Dachs, E.; Metz, P. (1987): Experimentelle Untersuchung des Mechanismus der Mineralreaktion 1 Tremolit + 3 Calcit = 5 Diopsid + 3 CO_2 + 1 H_2O. Fortschr. Miner. 65, Beih. 1, 37.

Dachs, E.; Metz, P. (1988): The mechanism of the reaction 1 tremolite + 3 calcite + 2 quartz = 5 diopside + 3 CO_2 + 1 H_2O. Terra cognita 8, 60.

Deckers, B.; Kroll, H.; Pentinghaus, H. (1983): Na,K-Entmischung in Alkalifeldspäten $Na_xK_{1-x}[AlSi_{0.9}Ge_{2.1}O_8]$. DMG-Tagung, Freiburg; Fortschr. Miner. 62, Beiheft 1, 40.

Deckers, B.; Kroll, H.; Pentinghaus, H. (1984): Kinetics and mechanism of Na,K-unmixing in feldspars $(Na,K)[AlSi_3O_8]$-$(Na,K)[AlGe_3O_8]$. Meeting of the Mineralogical Society of Great Britain, Institute of Physics, British Ceramic Society, Polar Solids Discussion Group, London.

Eilers, G.; Grauert, B. (1987) Aussagen zum Temperaturverlauf in Metamorphiten aufgrund von [87]Sr/[86]Sr-Ungleichgewichts-verteiloungen. Fortschr. Min. 65, Beih. 1, 42.

Feuer, H.; Schröpfer, L.; Fuess, H.; Jefferson, D. (1985): Hochauflösungstransmissionselektronenmikroskopie (HRTEM) von Entmischungen in synthetischen Ca-armen Pyroxenen. Z. Krist. 170, 45–46.

Feuer, H.; Schröpfer, L.; Fuess, H. (1986): Exsolution and Phase Transition in Pyroxenes. Abstr. Progr., 14th Meeting Int. Mineral. Assoc., Stanford/California; Mineral. Soc. Am., Washington, DC, 99.

Feuer, H.; Schröpfer, L.; Fuess, H. (1987): Igneous pyroxenes from Ballachulish/Scotland: exsolution and alteration. EUG IV, Straßburg; Terra cognita 7, 392.

Feuer, H.; Schröpfer, L.; Fuess, H. (1987): High temperature X-ray diffraction and TEM-studies on exsolution in Ballachulish-pyroxenes. ASI „Physical properties and thermodynamic behaviour of Minerals", Cambridge 1987, Progr., 35.

Feuer, H.; Schröpfer, L.; Fuess, H. (1988): Bestimmung von Entmischungstemperaturen in Klinopyroxenen der Ballachulish-Intrusion, Schottland. Z. Krist. 182, 89-92.

Feuer, H.; Schröpfer, L.; Fuess, H. (1988): Exsolution and phase transformation in pyroxenes studied by precession techniques at elevated temperatures and by TEM. 11th ECM, Wien.

Flörke, O.W.; Graetsch, H.; Martin, B.; Röller, K. (1989): Charakterisierung des Wasserstoffeinbaus in makro- und mikrokristallinen Quarz mit Infrarotspektroskopie. Z. Krist. 186, 78-79.

Fuess, H.; Schröpfer, L. (1985): Etudes de la transformation et de la décomposition des pyroxènes synthétiques aux rayons-X et au MET jusqu'à 1000°C. S.F.M.C. Colloque „Les Pyroxènes", Fontainebleau; Bull. Minéral., Suppl. 108, 44-45.

Fuess, H. (1986): Exsolution and Phase Transformations in Synthetic Pyroxenes: X-Ray and TEM-Studies at Elevated Temperatures. Discussion meeting „Structure and Reactivity of Solids" of the Deutsche Bunsen-Gesellschaft für Physikalische Chemie, Königstein.

Gering, E.; Heger, G.; Kuhs, W.; Schneider, J. R. (1984): Neutron and γ-diffraction on the sanidine from Volkesfeld/Eifel. 13. IUCr-Kongreß, Hamburg; Acta Cryst. A40 (1984), C359.

Graham, C. M.; Maresch, W. V. (1988): Experimental studies of amphibole synthesis, stability and structure. Terra cognita 8, 65.

Grauert, B.; Kramm, U.; Buhl, D. (1989) Isotopic disequilibria in equilibrium mineral assemblages. EUG Strasbourg.

Großmann, U.; Metz, P. (1984): Experimentelle Untersuchungen zum Mechanismus von Talkbildenden Reaktionen in metamorphen kieseligen Karbonatgesteinen. Fortschr. Miner. 62, Beih. 1, 80-84.

Großmann, U.; Metz, P. (1985): Experiments into the mechanism of talcforming reactions. Terra cognita 5, 334.

Hess, J. C.; Lippolt, H. J. (1983): Interpretation anomaler Ar^{40}/Ar^{39}-Entgasungsspektren von Biotiten aus Pyroklastika des Permokarbons. DMG-Tagung, Münster; Fortschr. Miner. *61,* Beih. 1, 88–90.

Hess, J. C.; Lippolt, H. J. (1985): Kinetik der Ar-Isotope während der Neutronenbestrahlung — Fehlerquellen bei Ar^{40}/Ar^{39}-Altersbestimmungen durch Ar-39-Verlust und -Umverteilung. DMG-Tagung, Aachen; Fortschr. Miner. *63,* Beiheft 1, 97.

Hess, J. C.; Lippolt, H. J.; Happel, J. (1986): Hydrothermal degassing studies on micas; Diffusionparameters and influences on their Ar^{40}/Ar^{39} age spectra. ICOG VI, Cambridge; Terra cognita *6* (2), 148.

Hess, J. C. (1987): Der Einfluß von Ar^{40}-Verlust und -Exzeß auf die K-Ar-Alter von Basalten mit glasigen Grundmasse-Anteilen; Fortschr. Miner. *65,* Beih. 1.

Hess, J.C.; Lippolt, H.J.; Michalski, I.; Gurbanov, A.G. (1989): Die thermische Geschichte des spättertiären Eldschutinskij-Granits (Kaukasus, UdSSR), rekonstruiert aus Radiogenaltersdaten. Eur. J. Mineralogy *1,* Beih. 1, 69.

Heuss-Aßbichler, S.; Masch, L. (1987): Systematics of Microtextures, Reaction Mechanisms; Mass Transport of Heterogeneous Decarbonation Reactions in Thermal Aureoles. Terra cognita *7,* 254.

Heuss-Aßbichler, S.; Masch, L. (1988): Systematik und Deutungsmodell zu Mikrostrukturen der Talk + Calcit Bildung in thermometamorphen kieseligen Dolomiten (Monzoni/N-Italien). Fortschr. Miner. *66,* Beih. 1, 61.

Heuss-Aßbichler, S.; Masch, L. (1988): Reaktionsmechanismen natürlicher Dekarbonatisierungsreaktionen. Fortschr. Miner. *66,* Beiheft 1.

Hoeppner, U.; Puchelt, H. (1983): Kinetics of S-isotope exchange reactions in S-sulfide systems. Fortschr. Miner, *61,* Beih. 1, 94–96.

Hoeppner, U.; Kramar, U.; Puchelt, H. (1988): Kinetik des Sulfid-Isotopenaustasusches in Sulfiden. Fortschr. Miner. *66,* Beih. 1, 64.

Hoernes, S.; MacLeod, S.; Harmon, R.S.; Troll, G.; Weiß, S.; Pattison, D. (1985): Stable isotope geochemistry of the Ballachulish igneous complex and contact metamorphic aureole, Southwestern Grampian Highlands, Scotland; Terra cognita *5,* 293.

Hoernes, S.; Voll, G. (1987): Detrital quartz and K-feldspar in quartzites of the Ballachulish aureole as indicators of oxygen isotope exchange kinetics; Terra cognita *7,* 256.

Hoffmann, V.; Soffel, H. (1986): Künstliche Olivine $(Fe_xMg_{1-x})2SiO_4$, O − x − 1. Magnetische Eigenschaften und Oxidationsversuche. Jahrestagung der Deutschen Geophys. Gesellschaft, Karlsruhe.

Hort, M.; Fischer, H.; Spohn, T. (1987): Ein kinetisches Modell für Kristallisationsprozesse in magmatischen Gängen. 47. Jahresversammlung der D. Geophys. Gesellsch.

Hort, M.; Spohn, T.; Fischer, H.(1987): A kinetic model for the crystallization in magmatic dikes. Terra cognita 7, 255.

Hort, M.; Spohn, T.; Fischer, H. (1988): Numerical simulation of the crystallization of the liquidus phase of multicomponent melts in thin dikes. AGU (Abstract); EOS Trans. Am. Geophys. Soc. 68, 1543.

Hort, M.; Spohn, T. (1988): Untersuchungen zur Kristallisation einer mehrkomponentigen Schmelze im Eutektikum. 48. Jahresversammlung der D. Geophys. Gesellsch.

Hort, M.; Spohn, T. (1988): Numerical calculations on the crystallization and thermal histories of two-component melts. Int. Congr. Geochem. Cosmochem., Europ. Assoc. Geochem.

Jochum, C.; Mirwald, P.W.; Maresch, W.; Schreyer, W. (1983): The kinetics of H_2O-exchange between cordierite and fluid during retrogression. Fortschr. Miner. 61, Beih. 1, 103–105.

Jochum, C. (1985): Comparative thermogravimetric analyses of hydrous Na-bearing Mg-cordierite. Terra cognita 5, 327.

Jochum, K.; Mirwald, P.W.; Maresch, W.V.; Schreyer, W. (1987): Hydration and dehydration kinetics of synthetic and natural cordierite. Terra cognita 7, 259.

Kirsch, H.; Kober, B.; Lippolt, H. J. (1988): Nachweis der Eignung der Ar^{40}/Ar^{39}-Technik, kombiniert mit Pb^{207}/Pb^{206}-Einzelzirkonmessungen zur Datierung junger basischer Plutonite am Beispiel des Frankensteinsgabbros. Tagung d. D. Geophys. G., Köln.

Kirsch, H.; Hippolt, H.H. (1989): Ar^{40}/Ar^{39}-chronologische Untersuchungen zur Serizitisierung von Plagioklasen am Beispiel des Frankenstein-Gabbros/ Odenwald. Eur. J. Mineralogy 1, Beih. 1, 94.

Krause, C.; Bambauer, H.U.; Kroll, H.; McLaren, A.C. (1985): TEM-investigation of metamorphic K-feldspars: The sanidine-microcline transition. Terra cognita 5, 222.

Kroll, H.; Knitter, R.(1985): Al,Si exchange kinetics in sanidine. Terra cognita 5, 226.

Kroll, H.; Knitter, R. (1985): Kinetik des Al,Si Ordnungsvorganges in Alkali-Feldspäten. Fortschr. Miner. 63, Beih. 1, 127.

Kronimus, B.; Pentinghaus, H.; Krause, Ch.; Althaus, E. (1988): Entstehung und Eigenschaften pseudomorpher und amorpher SiO_2-Restschichten auf Labradorit während der Anlösung in HCl bei $200\,°C$. Fortschr. Miner. 66, Beih. 1, 91.

Kusatz, B.; Kaiping, A.; Kroll, H.; Krause, C.; Pentinghaus, H. (1987): Mechanism and kinetics of (Na,K)-unmixing in Ge-substituted alkali feldspars. Geological Society of America, Phoenix/Arizona 1987; Abstracts with programs, 736.

98

Kusatz, B.; Kaiping, A.; Kroll, H.; Pentinghaus, H. (1987): Mechanism and kinetics of (Na,K)-unmixing in Al(Si,Ge)$_3$ alkali feldspars; Terra cognita 7, 28.

Kusatz, B.; Kroll, H.; Kaiping, A.; Pentinghaus, H. (1989): Exsolution processes in (Na,K)Al(Si,Ge)$_3$O$_8$ alkali feldspars. Terra Abstracts 1, 291.

Kusatz, B.; Kaiping, A.; Kroll, H.; Pentinghaus, H. (1988): Mechanismus und Kinetik der (Na,K)-Entmischung in Ge-substituierten Alkalifeldspäten. DMG-Tagung, Bonn.

Krause, C.; Kroll, H. (1989): Formation of twions in microcline. Terra Abstracts 1, 291.

Kroll, H. (1989): Crystal structure studies of order-disorder reactions and their potential use in geospeedometry. Terra Abstracts 1, 138.

Langer, K. (1986): Microscope-spectrometric studies on the formation of Fe^{3+}-bearing defects in fayalite. Discussion Meeting „Structure and reactivity of solids" der Deutschen Bunsengesellschaft für Physikalische Chemie, Königstein.

Langer, K. (1987): UV to NIR spectra of silicate minerals obtained by microscope spectrometry and their use in mineral thermodynamics and kinetics. Advanced Study Institute on „Physical properties and thermodynamic behaviour of Minerals", University of Cambridge.

Langer, K. (1987): Microscope spectrometry: Methods and some results. XX. Meeting of the Italian Crystallographic Association, Villa Olmo, Como.

Lattard, D.; Woermann, E.; Blank, H.; El Goresy, A. (1983): Experimental study of cation diffusion in coexisting spinel and ilmenite phases and its significance for lunar petrology. Fortschr. Miner. 61, Beih. 1, 128-130.

Lattard, D.; Woermann, E. (1984): Cationic interdiffusion between Cr-bearing ilmenite and spinel with relevance to the cooling history of lunar basalts. Joint Meeting, Mineralogical Society of London, British Ceramic Society, Institute of Physics, and Polar Solids Discussion Group, London.

Lattard, D.; Woermann, E. (1985): Ilmenite exsolutions in Cr-bearing ulvöspinel from spinel-ilmenite parageneses cooled under reducing conditions. Terra cognita 5, 328-329.

Lattard, D. (1985): Subsolidus-Phasenbeziehungen im System Fe-Ti-Zr-O mit Anwendung auf die Petrologie lunarer Basalte. Fortschr. Miner. 63, Beih. 1, 133.

Lattard, D. (1986): Subsolidus phase relations in the system Zr-Fe-Ti-O under reducing conditions. Implications for lunar petrology. Symposium Experimental Mineralogy, Petrology and Geochemistry, Nancy, Abstract Vol., 86-87.

Lattard, D.; Woermann, E. (1987): Kinetics of sub-solidus re-equilibration between ilmenite and spinel in the system Fe-Ti-Cr-O, with relevance to lunar basalts. Terra cognita 7, 253.

Lippolt, H. J.; Bähr, R.; Boschmann, W. (1982): Untersuchungen zur Diffusion von Helium aus Erzmineralien. DMG-Tagung, Marburg; Fortschr. Miner. *60,* Beih. 1, 129–131.

Lippolt, H. J.; Weigel, E.; Boschmann, W. (1984): Untersuchungen zur Diffusion von Helium aus einigen silikatischen Mineralien. DMG-Tagung, Freiburg; Fortschr. Miner. *62,* Beiheft 1, 135–137.

Lippolt, H. J.; Rittmann, K. L. (1984): Die jüngere variscische Geschichte der Granite des SE-Schwarzwaldes − Ar^{40}/Ar^{39}-Untersuchungen an Glimmern. DMG-Tagung, Freiburg; Fortschr. Miner. *62,* Beih. 1, 134–135.

Lippolt, H. J.; Happel, J.; Hess, J. C. (1986): Hydrothermale Ar-Entgasungsexperimente an Glimmern: Diffusionsparameter und Einflüsse auf Ar^{40}/Ar^{39}-Altersspektren. DMG-Tagung, Mainz; Fortschr. Miner. *64,* Beih. 1, 98.

Lippolt, H. J. (1986): Die Retentivität isotopischer Chronometer, Minerale als Stoppuhren geologischer Prozesse. Ringvorlesung der Fakultät für Geowissenschaften der Universität Heidelberg 1986; Heidelberger Geow. Abh. *6,* 173–185.

Lippolt, H. J.; Hess, J. C.; Happel, J. (1987): Hydrothermal diffusion of argon from micas. Terra cognita *78* (2/3), 257.

Lippolt, H. J.; Rawwas, A. D.; Bähr, R. (1987): He^4-Diffusion in Mineralien eines vulkanischen Lherzolith-Einschlusses. DMG-Tagung, Clausthal-Zellerfeld; Fortschr. Miner. *65,* Beih. 1, 117.

Lippolt, H. J.; Rawwas, A. D.; Bähr, R. (1988): He^4-Diffusions-untersuchungen an zwei Olivin-Mineralien. D. Geophys. Ges., Köln.

Lüttge, A.; Metz, P. (1986): Experimentelle Untersuchungen zum Mechanismus der Reaktion 1 Dolomit + 2 Quarz $\leftrightarrow$ 1 Diopsid + 2 CO_2. Fortschr. Miner. *64,* Beih. 1, 102.

Lüttge, A.; Metz, P.; Rehländer, R. (1987): Concepts of the mechanism of decarbonation reactions in siliceous carbonates. Terra cognita *7,* 253.

Lüttge, A.; Dachs, E.; Metz, P. (1989): Mechanism(s) of diopside-forming reactions: A comparison of powder and rock sample experiments. Min.Soc.Great Britain and Ireland Abstracts Vol.: Stability of Minerals, 21.

Maresch, W. V.; Czank, M. (1986): Topotactic growth from talc: the key to realbau ("real structure") in synthetic Fe-Mg-Mn-amphiboles. Int. Symposium Exptl. Mineral. Geochem., Nancy 1986; Abstracts, 96.

Maresch, W. V.; Czank, M. (1981): Crystal chemistry of synthetic Mn-anthophyllite: are synthetic amphiboles suitable for stability studies?. Terra cognita *1,* 89.

Maresch, W.V.; Schreyer, W.; Blümel, P. (1987): Chemistry and structural properties of K-bearing cordierites from buchites and volcanic xenoliths. Terra cognita *7,* 263.

Martens, R.M.; Rosenhauser, M.; von Gehlen, K.; Büttner, H. (1983): Kalorimetrische Untersuchungen der Glastransformation von diopsidischen ($CaMgSi_2O_6$), anorthitischen ($CaAl_2Si_2O_8$) und albitischen ($NaAlSi_3O_8$) Gläsern. Fortschr. Miner. *61,* Beih. 1, 142–144.

Martens, R.M.; Rosenhauer, M.; Büttner, H.; von Gehlen, K. (1984): Kinetische Eigenschaften mineralischer Gläser. Fortschr. Miner. *62,* Beih. 1, 144–146.

Martens, R.M.; Rosenhauer, M.; Büttner, H. (1985): Heat capacity measurements in the glass transformation interval: the binary system $CaMgSi_2O_6$-$CaAlSi_2O_8$ and $NaAlSi_3O_8$-$CaAlSi_2O_8$. Terra cognita *6,* 39–40.

Martens, R.M.; Rosenhauer, M.; von Gehlen, K. (1986): Bestimmung der unbekannten Abkühlrate eines natürlichen Glases: Fallbeispiel MORB-Glas. Fortschr. Miner. *64,* Beih. 1, 110.

Martin, B.; Röller, K.; Flörke, O.W. (1988): Über die polysynthetische Rechts-Links-Verzwilligung von Amethyst-Quarz und der mikrokristallinen Quarzspezies Chalzedon und Quarzin. Z. Krist. *182,* 179–180.

Masch, L.; Heuss-Aßbichler, S. (1983): Microstructural evidence on reaction mechanism of decarbonation reactions in siliceous dolomites. Fortschr. Miner. *61,* Beih. 1, 144.

Mertz, D.F.; Lippolt, H.J.; Eberhard, E. (1989): Ar^{39} diffusion and Ar^{40}/Ar^{39} dating of adularia. EUG Strasbourg, Terra Abstracts *1,* 353.

Metz, P.; Heinrich, W.; Rehländer, R.; Bayh, W. (1983): Experimental investigations on the mechanisms of mineral reactions in metamorphic rocks. Fortschr. Miner. *61,* Beih. 1, 150.

Metz, P.; Heinrich, W.; Großmann, U. (1987): SEM-studies on the mechanisms of decarbonation-dehydration (hydration) mineral reactions. Terra cognita *7,* 254.

Metz, P.; Lüttge, A.; Heinrich, W.; Gottschalk, M.; Dachs,E. (1989): Formation of diopside and forsterite in siliceous dolomites: Results of experimental investigations of mechanism and kinetics. 28th Internat. Geol. Congr. Washington,D.C., Abstracts 2, 418.

Müller, W.F.; Müller, G. (1984): Geometrie kohärenter Entmischungen in Klinopyroxenen als Funktion der Elementar-zellenabmessungen. Fortschr. Miner. *62,* Beih. 1, 167–168.

Müller, W.F. (1985): TEM-study of exsolution lamellae in clinopyroxenes from Whin Sill (North England). Terra cognita *5,* 225.

Müller, W.F.; Töpel, J. (1986): TEM-Untersuchungen an Klinopyroxenen des Whin Sill: Variation der Entmischungsgefüge. Fortschr. Miner. *64,* Beiheft 1, 129.

Müller, W.F.; Töpel, J. (1987): Variation of exsolution microstructures of clinopyroxenes in a profile across a basaltic sill. Terra cognita *7,* 256.

Müller, W.F.; Schreyer, W. (1987): TEM-study of a cordierite from the Eifel. Terra cognita 7, 263.

Müller, W.F.; Brey, G.; Nickel, K. (1987): Realbau von Syntheseprodukten zur Bestimmung des Solvus im System $MgSiO_3$-$CaMgSi_2O_6$ bei 50 kb und 1100 °C. Fortschr. Miner. 65, Beih. 1, 142.

Pankrath, R.; Flörke, O.W. (1987): Kinetics of Al/Si-exchange processes in quartz. Terra cognita 7, 257.

Pankrath, R.; Flörke, O.W. (1988): Kinetics of Al/Si-exchange in high- and low-quartz. Terra cognita 8, 277.

Pankrath, R.; Flörke, O.W. (1989): Der Einfluß von Natrium- und Lithium-ionen auf die Al,Si-Austauschkinetik in Tief- und Hoch-Quarz; Berechnung von Diffusionskoeffizienten für Al. Z. Krist. 186, 219–220.

Pankrath, R.; Flörke, O.W. (1989): Polarisierte IR-Einkristallspektren synthetischer Rauchquarze. Z. Krist. 186, 220–222.

Papageorgiou, D.; Kroll, H. (1986): Al,Si-Austauschkinetik in Alkali-Feldspäten.; Fortschr. Miner. 64, Beih. 1, 141.

Papageorgiou, D.; Knitter, R.; Kroll, H.; Pentinghaus, H. (1987): Al,Si exchange kinetics in sanidine and anorthoclase. Annual Meeting of the Geol. Soc. Am., Phoenix/Arizona; Abstracts 19 (7), 799.

Papageorgiou, D.; Knitter, R.; Kroll, H. (1988): Al,Si exchange kinetics in sanidine and anorthoclase at various pressures and temperatures. Terra cognita 8, 72.

Petrov, I.; Hafner, S.S. (1985): Paramagnetische Elektronen-resonanz von Fe^{3+} in Sanidin. Fortschr. Miner. 63, Beih. 1, 180.

Petrov, I. (1986): Paramagnetische Elektronenspinresonanz (EPR) von submikroskopischen Eisenoxidpartikeln und substituiertem Fe^{3+} in Sanidin. Fortschr. Miner. 64, Beih. 1, 122.

Petrov, I. (1987): Verteilung und Austauschkinetik von Fe^{3+} über die Tetraederplätze in Alkalifeldspat. Fortschr. Miner. 65, Beih. 1, 152.

Petrov, I.; Agel, A. (1988): Al-O^{1-}-Al-Brücken in natürlichen und getemperten Alkalifeldspäten. Fortschr. Miner. 66, Beih. 1, 122.

Petrov, I.; Hafner, S.S. (1989): O^{1-} ion defects and Al,Si order-disorder in albite. EUG V, Terra 1, 142.

Propach, G. (1988): Ordnungszustände von Kalifeldspäten im Granit und Rhyolith der Kagenfels-Intrusion (Vogesen). Fortschr. Miner. 66, Beih. 1.

Rehländer, R.; Metz, P. (1985): Experimental investigations on kinetics and mechanism of the forsterite- and calcite-formation from diopside and dolomite. Terra cognita 5, 334.

Richter, R.; Lichtenstein, U.; Hoernes, S. (1985): Experimentelle und berechnete Sauerstoffisotopenfraktionierung im System Granat-Wasser. Fortschr. Miner. 63, 199.

Rittmann, K. L.; Lippolt, H. J. (1983): Isotopische Altersbestimmungen an Glimmern aus dem Nordschwarzwald: Abkühlungs- oder Bildungsalter?. DMG-Tagung, Münster; Fortschr. Miner. *61,* Beih. 1, 181–182.

Rosenhauer, M.; Büttner, H.; Weinberg W. (1985): Pressure depen-dence of the glass transition temperature: glass of diopside ($CaMgSi_2O_6$) and anorthite ($CaAl_2Si_2O_8$) composition. Terra cognita *6,* 40.

Rosenhauer, M.; Martens, R.M.; Weinberg, W.; Büttner, H. (1986): Thermische Untersuchung des Glastransformations-Intervalls: Das System $CaAl_2Si_2O_8$-$NaAlSi_3O_8$ (Anorthit-Albit) und $CaAl_2Si_2O_8$-$CaMgSi_2O_6$ (Anorthit-Diopsid). Fortschr. Miner. *64,* Beih. 1, 159.

Rosenhauer, M.; Büttner, H.; Martens, R.M.; v. Gehlen, K. (1989): Cooling rates of natural glasses from rate heating experiments. EOS, Trans. Amer. Geophys. Union *70,* 487.

Schliestedt, M.; Johannes, W. (1984): Über Mechanismus und Kinetik des Kationenaustausches zwischen Feldspäten und chloridischen Lösungen. Fortschr. Miner. *62,* Beih. 1, 210–211.

Schliestedt, M.; Johannes, W.; Matthews, A. (1986): Mechanism and kinetics of cation and oxygen isotope exchange between plagioclase and aqueous chloride solutions. Int. Symp. Exp. Miner. Geochem., Nancy 1986, Abstracts 124–125.

Schliestedt, M.; Matthews, A.; Johannes, W. (1986): Cation and oxygen isotope exchange systematics between plagioclase and aqueous chloride solution. Terra cognita *6,* 262.

Schliestedt, M.; Johannes, W.; Matthews, A. (1986): Systematik des Kationen- und Sauerstoffisotopenaustausches zwischen Plagioklasen und chloridischen Lösungen. Fortschr. Miner. *64,* Beih. 1, 163.

Schliestedt, M.; Matthews, A.; Johannes, W. (1987): Kinetics of plagioclase − aqueous chloride solution interactions. Terra cognita *7,* 259.

Schliestedt, M. (1987): Mechanismen der Kationenaustauschreaktionen zwischen Feldspäten und fluiden Lösungen − Vergleich zwischen Experiment und Natur. Fortschr. Miner. *65,* Beih. 1, 167.

Schröpfer, L.; Feuer, H.; Fuess, H. (1984): Entmischungen und Phasenumwandlungen in synthetischen Pyroxenen. Fortschr. Miner. *62,* Beih. 1, 218–219.

Siebers, F. B.; Giese, U.; Flörke, O.W. (1984): Non-uniform distribution of structural impurities in quartz. Acta Cryst *A 40,* C 257.

Siebers, F. B.; Giese, U.; Flörke, O.W. (1984): Growth of doped quartz and the anisotropy of the impurity distribution. Z. Krist. *167,* 189–190.

Siebers, F. B.; Klapper, H. (1984): Zelluläres Wachstum und Verunreinigungsverteilung in Zuchtquarz, aufgezeigt mit der Röntgen-Topographie. Z. Krist. *167,* 177.

Steinke, P.; ElGoresy, A. (1985): Luna 16 spinels: Revisited. 48th Annual Meeting Meteoritical Society Bordeaux. Meteoritics *20,* 764.

Töpel, J.; Müller, W.F.; Voll, G. (1983): Variation des Gefüges in einem Tholeiitgang auf Ardnamurchan (Schottland); Fortschr. Miner. *61,* Beih. 1, 209-210.

Töpel, J.; Voll, G.; Müller, W.F. (1985): Gefügeänderungen in Gängen und Sills: eine mikroskopische und transmissionselektronen-mikroskopische Untersuchung. Fortschr. Miner. *63,* Beih. 1, 236.

Troll, G.; Weiss, S. (1984): Petrographische und geothermometrische Untersuchungen am Ballachulish-Complex (Schottland). Fortschr. Miner. *62,* Beih. 1, 246-248.

Troll, G.; Weiss, S. (1985): Ballachulish complex, W-Scotland: magmatic evolution and crystallization sequence in a zonal Caledonian intrusive. Fortschr. Miner. *63,* Beih. 1, 240.

Vojdan-Shemshadi, Y.; Müller, W.F. (1988): Phasenumwandlungen und Domänenwachstum in $CaAl_2Ge_2O_8$-Feldspat. Fortschr. Miner. *66,* Beih. 1, 162.

Weinberg, W.; Rosenhauer, M. (1987): Cationic diffusion in the glass transition region: interdiffusion experiments between vitreous $CaAl_2Si_2O_8$ and $NaAlSi_3O_8$ at pressures to 20 kbar. Terra cognita *7,* 258.

Weise, P.; Schliestedt, M. (1988): Experimentelle Untersuchungen der Na-K Austauschreaktionen zwischen Alkalifeldspäten und chloridischen Lösungen. Fortschr. Miner. *66,* Beih. 1, 165.

Weiss, S.; Troll, G. (1985): Coexisting feldspars and pyroxenes from Ballachulish complex, W-Scotland. Fortschr. Miner. *63,* Beih. 1, 297.

Weiss, S.; Troll, G. (1987): Thermal Controls on the diorite crystallization in Ballachulish igneous complex, W-Scotland. Terra cognita *7,* 255.

Wilhelm, B.; Schliestedt, M. (1987): Anisotropie- und Korngrenzenphänomene bei Kationenaustauschexperimenten zwischen Plagioklasen und chloridischen Lösungen. Fortschr. Miner. *65,* Beih. 1, 194.

Wirth, R. (1985): Thermisch induzierte Umwandlung von Glaukophan im Kontakthof der Traversella-Intrusion (Sesia-Lanzo Zone, N-Italien). Fortschr. Miner. *63,* Beih. 1, 258-259.

Wirth, R. (1986): Korngrenzen in gesteinsbildenden Mineralen und deren petrologische Bedeutung bei der Kontaktmetamorphose. Fortschr. Miner. *64,* Beih. 1, 188-189.

Wirth, R.; Ying, Y. (1986): Cation distribution and oxidation state of iron in glaucophane. Fourteenth General Meeting of the International Mineralogical Association, Stanford 1986; Abstract, 264-265.

Wirth, R. (1987): High-angle grain boundaries in sheet silicates (biotite/chlorite): a TEM study. In: Ceramic Microstructures '86: Role of Interfaces. Materials Science Research 21 (eds: J. A. Pask; A. G. Evans), Plenum Press.

Wondratschek, H. (1989): Die Eifelsanidin-Megakristalle: Eine Herausforderung. AGKr-Tagung Hannover; Z. Krist. *186*, 321–322.

Yude, F.; Bershov, L.V.; Petrov, I.; Hafner, S.S. (1987): Distribution and exchange kinetics of ferric iron over the tetrahedral positions in potassium and sodium feldspar. EUG IV, Terra Cognita *7*, 388.

5 Durchgeführte Kolloquien und Workshops

(T = Teilnehmerzahl)

		T
12. – 14. 06. 1981	Tübingen Kolloquium	42
23. – 25. 04. 1982	Tübingen Kolloquium	54
10. – 11. 12. 1982	Bonn Workshop Ballachulish	15
30. – 31. 01. 1983	Karlsruhe Workshop Feldspäte	21
20. – 22. 04. 1983	Bad Honnef Kolloquium	62
17. – 18. 02. 1984	Darmstadt Workshop „TEM"	29
25. – 27. 04. 1984	Bad Honnef Kolloquium	60
23. – 25. 04. 1985	Bad Honnef Kolloquium	58
31.01 – 01.02.1986	Bonn Workshop Ballachulish	16
07. – 08. 02. 1986	Königstein Workshop Pyroxene	16
19. – 21. 03. 1986	Bad Honnef Kolloquium	56
23. – 25. 03. 1987	Bad Honnef Kolloquium	55
27. – 28. 06. 1987	Marburg Workshop Kinetik von Al/Si-Austausch	17
25. – 27. 02. 1987	München Seminar Temperatur-ausgleichsvorgänge	7
29. 04. 1988	Köln Workshop Ballachulish	15
16. – 18. 01. 1989	Bad Honnef Abschlußkolloquium	43